★

WARNING

지금 이 순간 이 책의 첫 장을 펼쳐 읽고 있는 당신은
앞으로 여행에 대한 강렬한 갈망에 빠지게 될지도 모른다.
서점에 들러 우연히 펼쳐 본 여행기를 읽고
"아, 나도 어디론가 떠나고 싶다"는 정도의 유혹을 말하는 것이 아니다.
지금 학생이라면 당장 휴학 신청서를 낼지도 모르고,
직장인이라면 사표를 던져버릴지도 모른다.
이 책은 당신의 내면에 잠재되어 있던 여행에 대한 욕구를
자극시킬 것이고, 어느 순간 세계지도를 펼쳐보고 있는
자신을 발견하게 할 것이다. 그렇다면 이미 때는 늦은 것이다.

TOUR BIKE

훌쩍 여행을 떠나보는 것.
세상에 이보다 더 매력적인 일이 있을까?

18,500km, 유라시아 대륙 횡단 268일간의 기록

268

미치도록 행복하다

황인범

이지출판

함께 갈망하고
공유하고
즐겼다

누구나 여행을 앞두고 쏟아지는 설렘과 행복감에 밤잠을 설쳐 본 경험이 있을 것이다. 유라시아 대륙 자전거 횡단은 그런 행운을 자그마치 268번, 그것도 연속으로 누린 여행이었다. 어떤 풍경이 펼쳐지고, 어떤 길이 기다리고 있으며, 누구와 인연을 맺고, 나의 감정이 어떻게 흘러갈지 전혀 예상할 수 없어 더 설레던, 그래서 더 깊이 가슴에 남아 있는 추억이 되었다.

돌이켜보니 때로는 그 예상이 가슴 아픈 쓰라림으로 다가왔더라도 자전거를 타고 누비는 오늘이 행복했고, 내일은 항상 설레었다. 자전거 라이딩, 캠핑, 배낭여행의 매력, 이 모든 것이 유라시아 대륙 자전거 횡단 내내 우리를 기다리고 있었고, 우리는 온몸으로 이 모든 것을 만끽했다.

젊은이의 열정과 패기가 아니라 마땅히 해야 할 무언가처럼 자연스럽게 여행 준비를 했었다. 우리 계획을 알렸을 때 지인들 대부분이 "그럴 줄 알았다" 할 정도로 우리에게 이번 자전거 여행은 이상할 것이 아니었다. '그럴 줄' 이란 단어에는 '너네 둘', '특이하게' 라는 뜻이 있었다.

대학 시절 우리는 무언가 재미난 여행거리가 떠오르면 늘 서로를 파트너로 생각했다. 23일간의 국내 자전거 여행, 28일간의 교정 야영 등. 고생스럽지만 만끽할 수 있는 여행, 장기간 동안에도 설렘과 흥분이 가라앉지 않을 여행에 대해 늘 갈망했고, 공유했고, 결국 즐겼다.

인범에게서 유라시아 대륙 자전거 횡단 여행기가 출간된다는 이야기를 듣고, 그 멋진 여행 이야기가 어떻게 그려질지 또다시 설레기 시작했다. 내가 아는 인범에게는 멋진 경험담이 많고, 그것을 감정을 잘 살려 표현하는 탁월한 능력도 있다. 그래서 오랜 시간을 함께 보낸 동료이자 서로 열렬한 팬이기도 한 우리의 우정과 그 신나는 여정을 잘 녹여 내어 많은 독자들에게 즐거운 이야깃거리를 들려주리라 확신한다.

끝으로 이 책이 자전거 여행을 준비하는 사람들에게, 넓게는 세상을 살아가는 모든 사람에게 열정과 설렘이라는 특별한 선물로 전해지길 기대한다.

김 태 관

| 차례 |

10월 27일
오스트리아

11월 7일
이탈리아

11월 15일
프랑스

11월 26일
스페인

12월 18일
포르투갈

12월 19일
호카 곶

여행을 떠난다는 것은

우리 내면에는 새로운 것에 대한 호기심과 그것을 개척해 보려는 도전정신이 잠재되어 있다고 믿는다. 도전이라고 해서 번지점프나 스쿠버다이빙과 같이 거창한 것을 말하는 것은 아니다. 새로 생긴 음식점에 가 보는 것, 새로 나온 영화나 책을 보는 것 또한 도전정신이라 할 수 있다. 사람에 따라서 정도가 조금 다를 뿐, 새로운 것에 도전하는 것을 싫어하는 사람은 없을 것이다.

도전, 나는 심각한 중독자다. 음식을 예로 들면 매번 새로운 요리와 맛집을 찾아다녀 단골이라고 할 만한 음식점도 메뉴도 없을 정도다. 하지만 보다 더 맛있는 음식이 세상 어딘가에 존재할 거라는 기대와 호기심은 그 음식을 먹고 있는 순간에도 머릿속에서 사라지지 않는다. 평생 단골 음식점에만 간다면 더 맛있는 곳의 음식을 어떻게 맛보겠는가. 이것은 마치 하나의 철학처럼 내 몸에 배어 버렸다. 그래서 단골집은 없지만 다양한 음식을 먹어 볼 수 있었다.

러시아의 '라그만' 이라는 스프를 먹어 본 적 있는가? 중앙아시아의 '샤슬릭' 이라는 양꼬치구이를 먹어 본 적 있는가? 조지아그루지야의 '하차뿌리' 라는 치즈빵을 먹어 본 적 있는가? 이 중 한 가지도 먹어 본 것이 없다면 정말 큰 행복을 경험해 보지 못한 것이다. 굳이 해외에 나가지 않더라도 조금만 찾아보면 한국에서도 현지 음식을 먹을 수 있는 곳이 많다. 이번 주말 광희동에 있는 러시아촌부터 방문해 보자.

세상에 경험할 것은 음식 말고도 무수히 많다. 새로운 장소, 새로운 사람, 새로운 문화, 새로운 기후 등을 맛보고, 느끼고, 보다 보면 하루하루가 무척 짧게 느껴질 것이다. 혹시 지금 내게 주어진 일을 열심히 하면 나중에 더 좋은 곳에서 더 좋은 경험을 할 수 있을 것이라는 생각에 머뭇거리고만 있지 않은가? 대학생만 되면, 직장만 구하면, 업무만 익숙해지면, 은퇴만 하면…. 지금까지 이 '언젠가' 라는 막연한 계획을 갖고 살아오지 않았는가?

'도전' 이라는 것은 언젠가 할 수 있는 것이 아니다. 20대에 했을 때 신선하고 재밌던 것이 30대에는 싱겁게 느껴질 수도 있고, 30대까지는 충분히 할 수 있었던 것이 40대에는 힘겹게 느껴질 수도 있다. 이렇듯 도전이라는 것은 그때 그때 할 수 있는 것이 다른 만큼 시기를 놓치면 다시는 할 수 없는 그런 것이다.

세상은 넓다. 세상은 지금껏 접해 보지 못한 새로운 경험들을 선사해 준다. 또한 내가 가장 좋아하는 것이 무엇이고 언제 가장 행복을 느끼는지, 또 무엇에 가장 분노하고 언제 가장 슬픔을 느끼는지 알려 줄 것이다. 그리고 책이나 TV에서 접했던 내용들이 얼마나 단편적이고 주관적이었는지 깨닫게 해 줄 것이다. 세상은 이미 오래 전부터 우리에게 손을 내밀고 있었다. 우리가 할 일은 그저 그 손을 잡는 것이다. 여행을 떠난다는 것은 그런 것이다.

이 책은 자전거로 유라시아 대륙을 횡단하며 겪었던 에피소드를 바탕으로 당시 경험하고 느꼈던 것들을 많은 이들과 공유하고 싶은 바람에서 시작되었다. 그 추억들이 누군가의 마음에 다가가 작은 용기를 심어 주었으면 좋겠다.

같은 자전거, 다른 매력

나는 자전거를 특별히 좋아하지 않는다. 어렸을 적 생일선물로 받은 자전거를 동네에서 조금 타고 다닌 것이 전부다. 하지만 자전거 여행은 무지 좋아한다. 의아하게 느껴질지 몰라도 실제로 그렇다.

자전거 여행을 처음 접한 것은 대학교 1학년 여름방학 때다. 친구와 함께 저녁을 먹다 여행을 떠나고 싶다는 생각이 들었다. 하지만 아르바이트로 생활비를 충당하고 있던 우리는 교통비조차 부담스러울 정도로 여유자금이 없었다. 그러다 친구 녀석이 우스갯소리로 "자전거 타고 갈까?" 하고 한 마디 던졌다.

나의 첫 자전거 여행은 이렇게 우연히 시작됐다. 신문구독을 하면 무료로 주는 생활용 자전거를 타고 우리나라 최남단 땅끝마을까지 갈 계획을 세웠다. 그리고 끓어오르는 열정으로 바로 다음날 새벽

첫 페달을 밟았다. 교통수단은 자전거, 식사는 라면, 잠은 시골 정자에서 해결하며 나흘 만에 무사히 목적지에 도착했다.

처음에는 자전거를 단순히 이동수단으로만 생각했다. 그런데 자전거는 기대했던 것보다 더 많은 것을 경험하게 해 주었다. 나를 끊임없이 숨쉬게 하여 시골의 향기를 맡게 해 주었고, 이른 새벽 차가운 공기를 녹여 주는 아침햇살의 따사로움을 느끼게 해 주었다. 또 초여름의 더위를 식혀 주는 빗방울의 촉촉함을 일깨워 주었다. 태어나 처음으로 나의 오감이 주위 환경을 스폰지처럼 흡수하는 것을 느꼈고 자연이 피부에 와 닿는 것을 체험했다. 창문이 굳게 닫힌 자동차를 타고 다닐 때는 전혀 느낄 수 없었던 새로운 행복이었다.

자전거는 좋아하지 않지만 자전거 여행을 사랑하는 이유, 그것은 같은 자전거지만 다른 매력을 지녔기 때문이다.

여행 메이트

첫 자전거 여행을 다녀온 지 2년, 다시 한 번 자전거 여행을 떠나고 싶었다. 군대 간 대학 선배와 이런 내용의 편지를 주고받던 중에 선배가 자전거 여행에 동참하고 싶다는 의사를 밝혔다. 이번 유라시아 대륙 횡단까지 함께 한 태관이 형이다. 형은 홀로 40일간 백두대간을 종주하고, 지하철 2호선을 따라 서울 시내를 걸어서 한 바퀴 돌고, 주말이면 어김없이 어딘가에서 불을 피워 고기를 구워 먹는 전형적인 아웃도어 체질이다.

형이 제대하면 바로 여행을 떠나기로 하고 국내지도를 우편으로 주고받으며 계획을 세우기 시작했다. 처음에는 각자 가고 싶은 곳을 표시하고 나중에는 그것을 하나의 선으로 이어 루트를 정했다. 서울–동해–부산–거제도–목포–안면도–서울.

형이 제대하자마자 우리는 계획했던 대로 짐을 꾸려 출발했다. 첫 여행 때와는 달리 이번엔 자전거를 수리할 수 있는 용품을 몇 가지 준비했다. 펑크 날 때마다 자전거를 끌고 수리점을 찾아다니던 수고를 덜기 위해서였다. 텐트도 가지고 갔다. 그리고 선배는 언젠가 쓸 일이 있을 거라며 망치와 작은 삽까지 꼼꼼하게 챙겼다.

준비해 간 자전거용품 덕에 우리는 마음 편히 오프로드로도 달리고 비가 오거나 지칠 때면 시골길 한켠에 텐트를 치고 잠을 잤다. 첫 번째 여행 때보다 여유도 생기고 여행을 하면서 여행 콘셉트도 한 가지씩 추가해 나갔다.

하루는 비가 몹시 많이 와서 마른 바닥을 찾아 삼척대학교 노천극장까지 가게 됐다. 우리는 대리석 바닥에 텐트를 치면서 매일 새로운 잠자리를 찾아서 자 보기로 하고, 대학교를 시작으로 초·중·고등학교 운동장에서도 자고 성당, 절, 교회를 찾아가 숙박을 해결하기도 했다. 또한 담력을 키우기 위해 공동묘지를 찾아가 자기도 했다.

2년 전 여행에서는 따로 관광을 하지 않고 우리 동선에 있는 것들만 구경했는데, 이번엔 직접 명소를 찾아다니기까지 했다. 남이섬, 정동진 해변, 부산 달맞이고개, 거제도 몽돌해수욕장, 보성 녹차밭 등 소문난 명소들을 찾아다녔다. 꼼꼼히 준비한 덕에 정말 풍요로운 여행을 즐길 수 있었다.

이 여행을 통해 얻은 가장 큰 수확은 유라시아 대륙 횡단을 함께 하게 될 최고의 여행 메이트와 그에 대한 무한신뢰가 아닌가 싶다.

여행, 그리고 부모님

대학교 3학년, 주위 친구들과 선배들은 고시공부며 취직 준비로 바빴다. 태관이 형과 나 또한 하루하루 분주하게 움직였다. 차이가 있다면 취직 준비나 공부가 아닌 여행 준비로 바빴다는 것이다.

이번엔 우리 발자취를 국내가 아닌 바깥 세상에 남겨 보기로 했다. 지난 여행 때 이것저것 준비한 것이 좀 더 편한 여행을 위해서였다면 이번 준비는 생존을 위한 것이었다. 우리가 계획한 루트는 한반도에서 유럽까지 유라시아 대륙을 횡단하는 것이었다. 일 년간 총 21개국을 거쳐 포르투갈의 '호카 곶카부 다 호카'이 최종 목적지였다. 몽골 고비사막과 러시아 툰드라 지역, 스위스 알프스산맥이 루트에 포함

되어 있었기 때문에 철저히 준비해야만 했다. 또한 봄, 여름, 가을, 겨울 사계절을 모두 거쳐야 하기에 챙길 짐도 많았다. 그런데 사전에 준비할 것들 중 가장 중요하고도 힘든 것은 부모님의 허락을 받는 것이었다.

일 년간 자전거를 타고 해외를 나가겠다는데 어느 부모가 흔쾌히 허락해 주겠는가! 상대적으로 개방적인 우리 부모님도 펄쩍 뛸 것이 분명했다. 그래서 부모님의 허락을 받아내는 작업을 일 년간 천천히 진행했다. 처음에는 "저 일 년 뒤에 자전거 타고 유럽까지 다녀올게요!" 하고 웃으면서 말씀드렸다. 1단계는 여행 사실을 알리되 최대한 충격을 적게 받으시도록 하는 것이었다. 아마도 '일 년 뒤' 라는 명제를 붙이지 않았다면 바로 반대하셨겠지만 아마도 '그래, 그냥 하는 얘기겠지' 라는 생각으로 웃으면서 넘기셨던 것 같다.

2단계는 6개월 뒤 여행 준비를 철저히 하는 모습을 보여 드리는 것이었다. 매일 자전거를 타면서 근력운동을 하고, 자전거를 분해 조립하며 손에 익히고, 비자 취득에 어학 공부까지 바쁜 나날을 보냈다. 이런 모습을 보면서 부모님도 진지하게 고민을 하셨던 것 같다. 하지만 여행을 간절히 원하는 아들의 심정은 이해하지만 허락을 하기에는 이 여행이 위험하게만 느껴지셨는지 여전히 반대하셨다.

마지막 단계로는 아주 진지하게 이 여행을 떠나는 이유와 귀국 후 계획에 대해 말씀드리며 부모님과 대화시간을 갖는 것이었다. 이제 내가 할 수 있는 것은 안전문제에 대한 철저한 준비와 비상상황에 대비한 계획을 말씀드리고 부모님의 마음이 움직이기를 간절히 바라는 것밖에 없었다.

마침내 출국 한 달 전 어느 날 아버지가 부르시더니 "그래, 응원해 줄 테니 한 번 다녀와 봐"라는 말씀을 남기고 자리를 뜨셨다. 자식이 위험한 일을 하겠다는데 이를 허락해 준다는 것은 부모가 되기 이전에는 감히 상상하지도 못할 복잡한 심정이었을 것이 분명하다. 나는 아직도 이에 진심으로 감사하게 생각하고 있다.

극한의 루트

목욕탕 온탕에 들어가 있으면 냉탕이 생각난다. 그래서 냉탕에 들어가면 다시 온탕 생각이 난다. 어느 쪽이 더 좋다고는 말하지 못하지만 분명한 것은 극한의 경험에서 정반대의 경험을 하면 온몸에 전율과 짜릿함이 전해진다는 것이다. 우리는 이런 점을 고려해서 여행 루트를 정했다.

시베리아의 강추위, 중앙아시아의 무더위, 고비사막의 황량함, 오스트리아 초원의 풍요로움 등 다양한 기후와 생태계를 찾고 또 찾아보

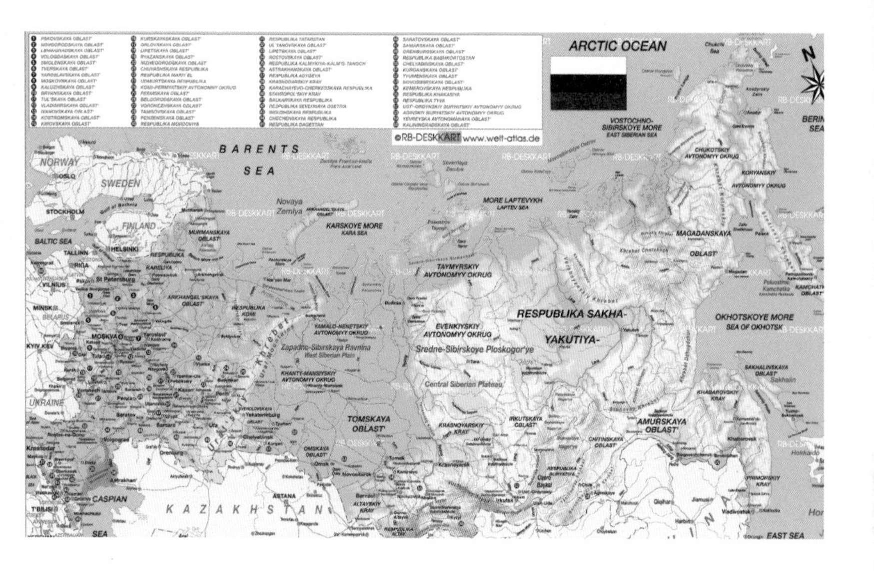

았다. 다양한 기후는 자연환경을 다른 모습으로 변화시켰을 것이고 그곳 사람들 또한 그 환경에 적응하기 위해 각기 다른 모습으로 살아가고 있을 것이 분명했기 때문이다.

자전거로 유라시아 대륙을 횡단한 사람은 전에도 몇 명 있었지만 대부분 티베트를 거쳐 거의 같은 위도를 따라 서쪽으로 갔다. 하지만 우리는 가고 싶은 곳을 골라서 루트를 정했기 때문에 러시아까지 북쪽으로 올라갔다가 중앙아시아에서 다시 남쪽으로 내려오는 수고를 감수해야 했다.

여행을 마치고 또다시 생각해 봐도 그건 아주 탁월한 선택이었다. 몽골 고비사막에서 죽을 뻔했던 이야기와 러시아에서 훌리건들과 어울렸던 경험은 밤새도록 이야기해도 모자랄 것이기 때문이다.

하이브리드 vs MTB

챙겨야 할 것이 많았다. 하지만 자전거 여행에서 가장 중요한 것은 자전거가 아닌가. 자전거 종류는 또 왜 그리 많은지 프레임, 타이어 두께 등에 따라 종류가 수백 가지다. 우선 크게 하이브리드와 MTB 중 하나를 선택해야 했다.

쉽게 말해 하이브리드 자전거는 가볍고 타이어가 얇다. 그에 비해 MTB는 무겁고 타이어가 두껍다. 하이브리드는 오프로드에 약하지만 포장도로에서는 속도가 빠르다. MTB는 하이브리드에 비해 조금 느리지만 접지력이 좋아 비포장도로에서 그 위력을 발휘한다.

지금 이 글을 읽고 있는 여러분이 느끼는 것처럼 우리도 똑같이 도통 무슨 말인지 이해도 가지 않았을 뿐더러 쉽게 결정을 하지도 못했다. 그래서 혹시 여행하다가 자전거를 잘못 선택해서 한 사람한테 문제가 생기면 다른 한 사람이 자전거를 타고 가서 도움을 요청해야 하기 때문에 결국 우리는 하나씩 고르기로 했다.

결과는 하이브리드의 승이었다. 하이브리드는 사막에서도 충분히 버텨줬으며 도로에서는 두말 할 것 없이 MTB보다 빨랐다. 이 글을 읽고 여행을 준비한다면 한 가지 시행착오를 줄일 수 있기를 바란다.

우리를 지켜 준 준비물

1박2일 엠티를 간다면 칫솔 정도만 준비하면 될 것이다. 치약이나 샴푸 따위는 누군가 들고 올 것이 분명하다. 동남아로 출장을 간다면 속옷과 여벌 옷 등이 추가될 것이다. 짧은 여행은 준비물이 어느 정도 예상이 가능하다. 혼자 힘으로 어렵다면 인터넷에 누군가 친절하게 나열해 놓은 것을 참고하면 된다.

하지만 일 년간, 그것도 자전거 여행을 떠날 때 챙겨야 할 것들은 쉽게 그림이 그려지지도 않을 뿐더러 자신 있게 조언해 주는 사람도 없었다. 그래서 우리는 여행지마다 실제 그곳에 가 있다고 상상하며 필요한 것들을 적어 내려가기 시작했다. 중국은 황사가 심하니까 일단 마스크, 몽골은 사막이 있으니까 나침반과 비상식량, 러시아는 훌리건들이 위험하니깐 전기충격기…. 이런 식으로 하나하나 적어 보니 준비해야 할 것들이 산더미 같았다. 달랑 자전거 하나 장만해 놓고 좋아할 것이 아니었다.

마트, 문구점, 철물점, 전파상, 약국 등 업종이라는 업종은 다 훑고 돌아다녔다. 한 번도 사본 적 없는 변비약과 지사제, 휴대용 정수기, 호신용 스프레이와 전기충격기 등 품목도 정말 다양했다. 사온 물건들을 하숙집 거실에 깔아놓고 보니 어떻게 저 많은 것들을 자전거로 끌고 다닐까 걱정이 앞서기 시작했다.

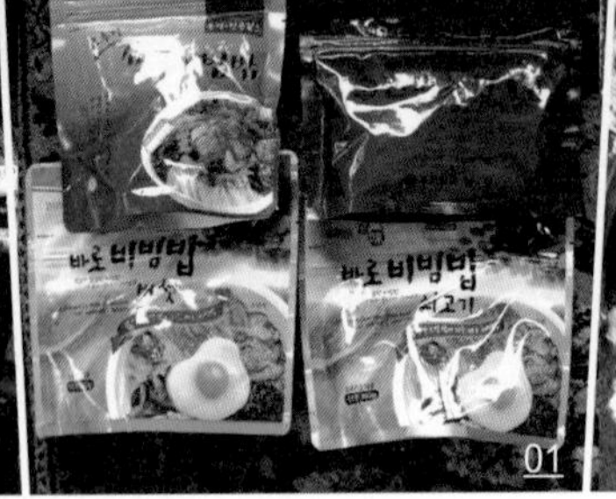

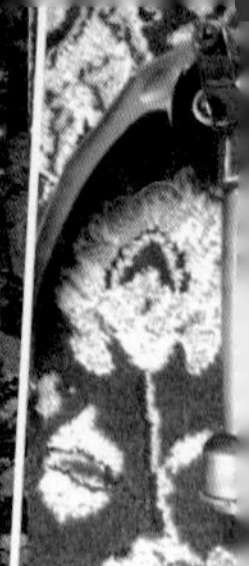

01 태양초 고추장이 생각날까 봐 준비한 것들이 아니다. 몽골 사막에서 매 끼니를 챙겨 준 비상식량들이다. 물만 부으면 밥이 되는 '바로비빔밥.'

02 거금을 투자하여 준비한 정수기. 콜라도 저 튜브를 통과하는 순간 깨끗한 물이 된다.

03 동전티슈 100정. 초밥집에서 이걸 줄 때마다 이렇게 쓸모없는 것을 누가 만들었을까 생각했는데, 내가 이걸 사고 말았다. 저녁마다 우리 세수를 도와준 녀석들이다.

04 호신용 전기충격기와 스프레이. 전기충격기는 순간적으로 16,000볼트 전류가 흐른다. 그런데 사실 나는 전기충격기보다 스프레이가 더 무서웠다. 뚜껑만 열어도 한 5시간 동안 마늘 깐 사람의 눈이 된다.

05 남자의 로망, 공·구·세·트!

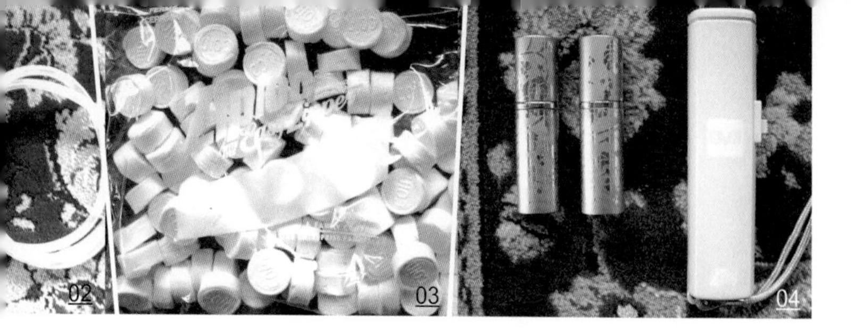

06 형한테는 너무 잘 어울리는 헬멧. 내게는 너무나 작은 헬멧.

07 어딜 가나 가장 조심해야 할 것은 물이다. 조금이라도 의심된다면 이 정수필을 넣으면 각종 세균이 제거된다. 정수필 넣어 볼 물은 구할 수 있겠지?

08 타이어, 튜브, 케이블, 스프로킷… 우리는 자전거 분해, 조립의 대가가 되었다.

09 전자제품들도 밥을 줘야 한다. 승압기가 거의 텐트 무게랑 비슷했다.

10 비상약. 평소에 감기조차 잘 걸리지 않는 우리지만 사람 일이란 모르는 것. 이것저것 종류별로 준비했다. 가장 특이한 것은 수술용 장갑, 부디 이것만은 쓸 일이 없길….

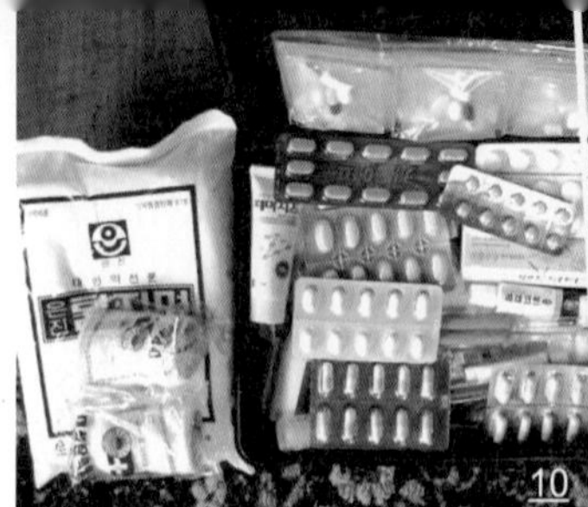

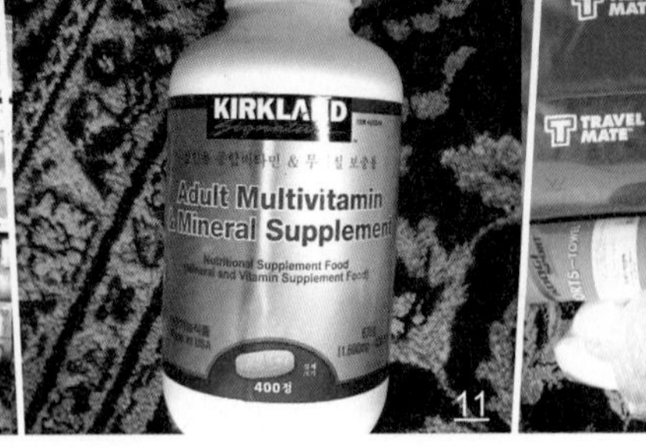

11 군대 가면 초코파이가 먹고 싶어지듯 자전거 여행을 가면 비타민이 당길 것 같다, 왠지!

12 각종 세면도구. 칫솔살균기는 출발 전부터 고장.

13 얼마 되지 않는 돈이기에 소중히 다뤄야지. 4만 원이 있다면 복대지갑에 만 원, 방수지갑에 만 원, 일반지갑에 만 원, 벨트지갑에 만 원.

14 동네 뒷산이 아니다. 우리가 가는 곳은 춥다. 몽골, 시베리아… 각종 방한용품. 스노보드를 탈 때 쓰던 고글도 하나 챙겼다.

15 TK, IB. 태관, 인범의 이니셜이다. 모든 것을 공유해도 속옷과 칫솔은 따로따로.

16 로엠 침낭. 영상 기온에서 덮고 자면 땀띠난다. 에코로바 텐트. 강원도 운두령에서 영하 18도 기온에서 시험해 봤다. 텐트 내 온도는 영하 1도. 우리의 든든한 보금자리였다. 그 외 에어베개, 에어메트리스, 침낭 방수 커버 등.

17 '한국의 멋을 알리자~'는 아니고 중간중간 만나게 될 고마운 사람들에게 줄 선물들.

18 둘 다 사진으로 남기는 것을 별로 좋아하지는 않지만 이번만은 사진도 열심히 찍기로 했다. 선물로 받은 디카들.

19 우리 식사를 책임져 준 녀석들. 캠핑의 상징인 코펠과 버너. 혹시 몰라 가스와 석유 버너 하나씩 구입했다. 가스를 구하기는 힘들어도 기름은 어디서든 구할 수 있겠지?

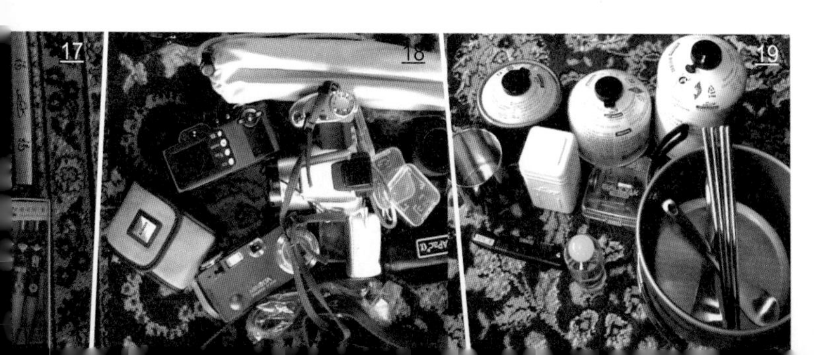

소금과 빛

이 많은 짐들이 어떻게 다 들어갔는지는 모르지만 하나라도 없어지면 안 되는 소중한 여행 보따리들이다. 하지만 분명 몇 놈은 여행 중에 사용 빈도수가 낮아져 버려질 것이다.

불필요하다고 생각했던 것이 오히려 더 유용하기도 하고 꼭 필요하다고 생각했던 것이 가장 먼저 버려질 수도 있다. 과연 이 중에서 우리와 함께 포르투갈에 입성할 선수는 누가 될까. 짐과 자전거는 성능이 떨어지면 현지에서도 교체할 수 있지만, 부디 우리 몸은 문제가 생기지 않길 바랄 뿐이었다.

밑 빠진 독에 물 붓기

시간이 나는 대로 여행지에 대한 정보 검색은 물론 필요한 물건들을 구입하고 자전거를 분해 조립하며 손에 익혔다. 하지만 이 여행을 위한 완벽한 준비는 끝이 없었다.

한 마디로 표현하면 '밑 빠진 독에 물 붓기' 였다. 한 가지를 끝내면 해야 할 것 두 가지가 생각났다. 카메라를 구입하면 예비 배터리가 필요할 것 같은 생각이 들고, 배터리를 구입하고 나면 110볼트 전환용 변압기가 없으면 안 될 것 같았다. 또 삼각대가 있으면 좋을 것 같고, 자전거 거치대까지 있으면 더더욱 좋을 것 같았다. 철저한 준비와 과도한 준비는 분명히 다르다는 것을 알고 있었지만 그 경계선을 찾기는 쉽지 않았다.

밑 빠진 독에 물 붓기는 결국 여행을 출발하는 날 해가 밝으면서 끝났다. 아직도 준비가 덜 된 듯한 찜찜한 기분은 어쩔 수 없었지만 짐을 챙기고 신촌에서 인천항을 향해 힘찬 첫 페달을 내딛었다.

시작이 반

우리가 중국으로 건너가기 위해 비행기가 아닌 배를 선택한 이유는 간단했다. '어쩔 수 없는 상황에서만 자전거에서 내리고, 초심을 잊지 않고 포르투갈까지 우리 힘으로 가겠다'는 비장한 각오 때문이었다.

시작이 반이라고 했다. 텐진행 배에 올라서자마자 우리는 벌써 자축을 하고 있었다. 이미 여행의 절반을 끝냈다고. 겉으로는 웃고 있지만 인천항 검색대에서 압수당한 부탄가스 6개와 석유 2통이 머릿속에서 맴돌았다.

"중국에 도착하면 저녁일 텐데 부탄가스와 석유가 없으면 밥은 어떻게 해 먹지? 정 안 되면 땔감을 구해 불이라도 피우지 뭐~"

이렇듯 내 머릿속에서는 가상의 상황을 떠올리고 거기에 대한 해답을 찾는 작업이 계속 진행되었다. 이 배에서 내리는 순간 해결해야 할 문제들이 계속 우리를 테스트할 것이고, 우리는 그때마다 얼마나 긍정적으로 대처하며 즐겁게 여행을 이어갈 수 있을지가 관건이었다. 그럼에도 파이팅이다!

ECHOROBA

여정의 시작, 중국

인천에서 여객선을 타고 도착한 곳은 탕구. 톈진에서 45km가량 떨어져 있는 탕구 항은 여느 나라 항구와 비슷했다. 바닷바람에 섞여 있는 짠내, 배에서 흘러나온 기름 냄새 그리고 각종 철 구조물에서 나는 페인트 냄새. 역겨운 것 같으면서도 중독성이 느껴지는 그런 냄새가 탕구 항에서도 느껴졌다.

이제 입국절차를 밟아야 할 시간. 항구에서 진동하는 역한 냄새 때문일까. 분명 배를 타고 오는 12시간 내내 잠을 잤는데도 몸과 마음이 무겁게만 느껴졌다. 갑자기 자전거에 실려 있는 짐들이 말 그대로 짐처럼 다가왔다. 허리로 자전거를 지탱하고 천천히 검색대에 짐을 하나씩 올려놓는데 반대쪽에서는 보안요원이 빨리 넘어오라고 재촉을 해댔다.

행여나 힘들게 장만한 물건이 하나라도 없어질세라 눈동자는 가방 개수를 새느라 바빴다. '트레일러에 싣는 가장 큰 노란 가방, 자전거 양쪽에 장착하는 검정 가방, 뒤에 얹을 침낭, 허리색… 뭐 또 없나?' 분주하게 짐을 챙기는데 보안요원이 입국 도장이 찍힌 여권을 건네준다. '내가 언제 여권을 줬지?' 평온한 분위기의 입국심사장과는 달리 나는 남대문시장 한복판에 서 있는 듯한 느낌이었다.

터미널 밖으로 나오자 모든 것이 낯설게 다가왔다. 거리에는 중국산 자동차들이 질주하고 있고, 간판들은 가게 안에서 무엇을 파는지 알 수 없어 나로 하여금 창문 안을 들여다보게끔 했다. 환한 대낮에 도착했으면 좋으련만 가로등빛도 시원찮은 곳에서 여정을 시작하려니 이 밤이 더욱 어둡게만 느껴졌다.

처음에 톈진이나 베이징을 가리키는 이정표가 나왔으면 했는데 애석하게도 맨 처음 눈에 띈 이정표는 지도에도 나오지 않는 곳을 가리키고 있었다. 아무리 방향감각이 뛰어나도 낯선 곳에서 방향을 잡기란 불가능해 보였다. 어쩔 수 없이 나침반을 꺼내 베이징이 있는 서북쪽으로 뻗어 있는 길을 따라가야 했다. 검증할 기회는 없었지만 고등학교 때 중국어를 공부한 형이 앞장서기로 했다.

"간판에 '빈관' 이라고 적혀 있는 곳이 한국의 여관이야."
형이 숙소 얘기를 꺼내는 것으로 보아 오늘 그 중 한 곳에서 묵고 싶다는 의미인 것 같았다. 함께 여행할 때는 짐작으로 상대방의 의도를 넘겨짚는 행동은 매우 위험하다는 사실을 잘 알기에 확인을 하고 넘어가야 한다.

"숙소를 잡고 싶은 거예요?"
"아니~ 난 아닌데 혹시 네가 그러고 싶으면 얘기하라고."

우리는 지금 대사유라시아 대륙을 횡단하는 것를 위해 서로에 대한 배려를 최우선으로 챙기고 있다. 뭐든지 과하면 독이 되겠지만 이기적인 행동만은 우리를 절대로 포르투갈까지 인도해 주지 못할 것을 형도 충분히 알고 있는 듯해 마음이 놓였다.

낯선 곳에서의 첫날밤을 어디서 보내게 될까. 화장실이 있는 한적한 공원을 생각하며 열심히 두리번거려 보았지만 빼곡히 연결되어 있는 2, 3층짜리 건물들을 보니 그런 장소는 나타나지 않을 것 같았다.

첫날부터 콧대를 너무 세운 건 아닐까. 마음에 드는 자리를 찾다보니 시계바늘은 이미 11시를 가리키고 있었다. 갑자기 밀려오는 피로가 내 눈높이를 서서히 낮추더니 이내 허름한 빌딩 텅 빈 주차장으로 안내했다. 보는 시각에 따라 캠핑이 노숙으로 바뀔 수 있는 그런 곳에서 우리는 첫날밤을 맞이했다.

둘이라서 다행이다

배가 고파서 자전거를 세워놓고 슈퍼超市에 들렀다. 자전거는 짐이 너무 무거워 일반 거치대로는 지탱할 수 없어서 서로 붙여 놓았다. 나 없인 형도 쉴 수 없고 형 없인 나도 꼼짝을 할 수 없는 것이다.

이렇듯 여행을 하면서 둘이라서 다행인 것이 한두 가지가 아니었다. 화장실을 갈 때 형이 없었다면 자전거와 짐은 어떻게 했을까. 텐트

를 칠 때 반대쪽에서 폴대를 잡아주는 형이 없었다면 매일밤 혼자 낑낑대고 있었겠지. 숙소를 구해 자전거와 짐을 옮겨야 하는 상황이 닥치면 짐을 한 번 옮기는 동안 나머지 짐은 길바닥에서 "나 가져가 슈~" 하고 덩그러니 남아 있었겠지.

힘들 때 정신적으로 의지가 되는 것은 물론이고 이처럼 물리적인 '2'라는 숫자의 힘에 자주 놀라곤 한다. 남들 다 자고 있을 새벽에 일어나 혼자 조조영화를 보거나 낚시를 다니던 내가 누군가에게 이렇게 기대게 될 줄은 몰랐다. 그것도 아주 당연하다는 듯이 말이다.

불안한 대륙

맛있는 빵과 아이스크림, 콜라 등을 합쳐서 우리 돈으로 800원이면 충분하다. 메이커만 찾지 않는다면 값싸게 맛있는 것을 찾아 먹을 수 있다. 하지만 여행 초기라 그런지 모든 것이 의심스러웠다.

빵 봉지에 찍혀 있는 날짜도 그렇고 비닐포장지에 넣어 냉장고가 아닌 실온에 그냥 놔둔 우유도 선뜻 손이 가지 않았다. 멸균우유라서 괜찮을 거라 스스로 안심을 시키며 마실 수밖에 없었다. 그래도 빵이나 우유는 다른 것에 비하면 양반이었다. 그냥 일회용 비닐봉지에 담아 대충 한번 묶어서 파는 음식들은 정말 불안해서 사 먹을 수가 없었다.

도로를 달릴 때 어쩜 이리 깨끗할까 의아했는데, 바로 요거였구나!!
경운기 한 대가 대형 빗자루 12개를 모터로 돌려가며
도로를 청소하며 달린다.
하긴 대륙의 도로를 청소하려면 빗자루 하나로는 어림도 없겠지.
중국의 도로, 특히 베이징에서부터
네이멍 자치구 끝까지 길이 너무 깨끗해서 좋았다.

—

베이징으로 가는 길

—

황토색 느낌의 동네. 아직 완전한 봄이 오지 않아서 그런 걸까? 처음에는 아무도 살지 않는 버려진 동네인 줄 알았다. 하지만 집 앞마당에 빨래가 널려 있고 거리에 사람들이 조금씩 돌아다닌다는 것은 내 예상이 틀렸음을 알려주는 것이다.

중국의 수도 베이징이 가까워오고 있지만 아직까지는 그 심장부의 소리가 느껴지지 않았다. 오히려 중심부에서 멀어져 가는 느낌이라고나 할까. 저기 사람들은 무표정할 것 같고 여유 없이 살아가는 건조한 그런 곳일 것 같았다. 혹시 저기로 초대를 받는다면 무섭기까지 한 동네였다. 거부감부터 들었다.

역시 나는 아직 여행 초짜인 건가.

탕구에서 톈진으로, 그리고 톈진을 지나 베이징으로… 같은 중국이지만 도시마다 빈부의 격차가 느껴졌다. 한국에서 경부고속도로를 타고 서울로 진입하다 보면 성남에서부터 시작되는 신도시 행렬을 확인할 수 있다. 마찬가지로 중국도 베이징에 가까워질수록 고층아파트로 가득 찬 신도시가 눈에 띄게 많아졌다. 어제의 그 버려진 마을은 마치 다른 나라의 이야기였던 것처럼 오늘은 분당의 한 거리를 달리는 듯한 기분이었다.

대도시의 불편한 진실

베이징. 그곳에 도착하는 순간 서울 광화문 한복판에 서 있는 듯한 기분이 들었다. 거리의 눈부신 불빛과 어디론가 바쁘게 향하는 사람들, 그리고 여기저기서 들려오는 소음.

내가 굳이 자전거로 달리지 않아도 눈앞의 풍경이 자동으로 금세 바뀌었다. 여행을 시작하고 처음으로 도착한 대도시였다. 며칠 전부터 베이징에 도착하면 무엇을 할지 행복한 상상을 했는데, 예상과는 달리 대도시의 입성은 그리 달갑지만은 않았다.

우선 도시 안에서는 텐트를 칠 수가 없기 때문에 숙소를 구해야 했다. 우리나라로 따지면 모텔 정도의 시설을 갖춘 '빈관'에 들렀다. 그러나 웬걸, 800원이면 간단한 식사 한 끼를 해결할 수 있었던 중국에서 작은 모텔 방이 10만 원이 넘다니. 그렇다면 차라리 호텔방에서 한 번 자보자!

우리는 핸들을 돌려 근처 호텔로 향했다. '호텔 입구에 도착하면 벨보이들이 우르르 나와서 우리 짐을 들어주겠지?' 잠시 후 우리가 누리게 될 서비스를 생각하며 호텔 입구에 도착했다. 예상대로 안에서 직원 한 명이 달려나왔다.
"You cannot park here. 여기 자전거를 세우면 안 됩니다."

영문은 잘 모르겠지만 오해가 있었던 모양이다.

"We are going to stay here one night. 여기서 하루 묵을 예정입니다."

오해를 풀어주기 위해 우리가 투숙객으로 왔다는 사실을 알렸다.

"No, no. You cannot stay here. 아뇨, 그러실 수 없습니다."

도대체 호텔 직원이 손님한테 왜 이렇게 불친절한 걸까. 이 녀석 이러다 나중에 지배인한테 혼날 게 분명한데.

그 순간 안에서 직원 몇 명이 더 나와서 그 녀석이랑 몇 마디 주고받더니 우리에게 나지막한 목소리로 말문을 열었다.

"Sorry but visitors like you cannot stay at our hotel, sorry. 당신들 같은 사람은 여기 묵을 수 없습니다."

이것이 말로만 듣던 문전박대인가. 물론 옷과 짐에 흙탕물이 좀 묻어 있고, 호텔에 묵을 사람의 옷차림은 아니었지만 돈을 주고 자겠다는데 너무하다는 생각이 들었다. 세상에 이런 경우도 있나? 도대체 얼마나 고급스러운 호텔이기에 이러지? 궁금해서 가격을 물어봤다. 그런데 그 직원의 마지막 대답이 우리를 더 비참하게 했다.

"I don' t know, go. 몰라요, 그냥 가세요."

호텔 직원인데 가격을 모를 리가 있나. 마치 가게에서 거지를 내쫓듯이 우리는 베이징의 한 호텔에서 첫 번째 수모를 겪었다.
그렇게 숙소를 구하러 다니다 보니 해는 이미 저물어 깜깜한 밤이 돼버렸다. 우리는 잠시 상의를 한 뒤 숙박비로 거하게 저녁을 먹고 도시를 빠져나오기로 했다.

호텔에서 받은 상처 때문일까, 식당 간판이 눈에 들어오지 않을 정도로 거리는 어둡게만 느껴졌다. 그때 우리 시야에 들어온 것이 바로 맥도널드 간판이다. 'M자' 간판 하나는 정말 눈에 잘 띄게 만들어 놓았다. 맛있는 저녁을 먹자고 했던 우리는 결국 햄버거로 끼니를 때우고 한적한 공원에 텐트를 쳤다.

역시 공짜가 맛있는 법인가. 매일 밤 잠을 자던 텐트인데도 새삼스럽게 텐트 안이 어제보다 아늑하게 느껴졌다. 아침에 텐트 문을 열고 나왔을 때 눈앞에 펼쳐진 일출은 어제 고생한 것에 대한 보답인가 보다.

시골이 좋다

모든 편의시설이 집중되어 있는 도시가 어찌 그리 불편하던지 아직도 이해가 가지 않는다. 시골길을 달리면 내가 멋있는 풍경을 감상하는 기분이 들지만 대도시에서는 어쩐지 우리가 감상의 대상이 되는 듯한 느낌이 들었다. 주위에 몰려드는 사람들도 우리 가방 하나를 노리고 수군대는 것만 같았다.

하지만 시골길은 달랐다. 탁 트인 시야 때문인지 사람들도 호의적으로 보이고, 조금만 찾아보면 사람들 눈에 잘 띄지 않는 푹신한 잔디가 있는 공짜 잠자리를 어렵지 않게 만날 수도 있었다. 그리고 의외의 장소에서 의외의 것을 발견하는 횡재도 누릴 수 있었다. 이번에 발견한 만리장성처럼.

어렸을 때부터 만리장성을 직접 눈으로 보고 싶다는 생각을 했었다. 그런데 지도에도 표시되어 있지 않던 만리장성이 떡하니 눈앞에 있는

게 아닌가! 지금까지의 경험으로 보면 우연의 일치, 행운, 횡재 등 반가운 것들은 시골길에서 더 빈번히 일어났다.

대륙의 향기

출발하기 전부터 중국에 대해 가장 걱정한 것은 황사였는데 여행 9일째인 오늘까지 심한 황사는 없었다. 하지만 전혀 예상하지 못한 중국 특유의 냄새가 눈살을 찌푸리게 만들었다. 유치원 시절에 맡아봤던 동네 보건소의 예방접종약 냄새와 중학교 시절 학교 뒤편에 있는 소각장에서 나던 냄새를 섞어 놓은 듯한 냄새.

그냥 얼핏 맡아봐도 독성이 느껴지는데 숨을 쉴 때마다 그 냄새는 코끝을 타고 뇌까지 전달됐다. 그러나 역시 후각은 빨리 지친다는 말은 진실이었다. 9일이 지난 오늘 우리를 그렇게 괴롭히던 그 냄새가 고향 향기처럼 느껴졌다.

탐난다

중국에서 가장 탐나는 것이 하나 있다면 그건 바로 자전거도로일 것이다. 어디를 가나 도로 옆에 차선 하나 정도의 공간을 자전거 이용자들을 위해 준비해 놓았다. 사진처럼 차도와 완전 분리해 놓은 곳도 있다.

하지만 아직 교통질서에 대한 인식수준은 너무 낮다. 같은 교차로를 동시에 통과하려는 자동차와 자전거 운전자들은 신호등 따위는 신경 쓰지 않고 그냥 제 갈 길만 간다. 문득 중국으로 건너오는 배 안에서 어떤 아저씨가 들려준 이야기가 생각났다. 중국은 인구가 워낙 많아서 한두 명 죽어도 아무도 신경 쓰지 않는다고. 그래서 이런 걸까? 설마?

곳곳에 봄이 왔음을 알리는 벚꽃이 피기 시작했다.

한국에서도 쉽게 볼 수 있는 벚꽃을 만나니 고향에 온 듯한 느낌이 들었다.

군데군데 목련과 개나리도 피어 있어 이제 두꺼운 점퍼를 벗고

얇은 옷을 꺼내 입어야 할 것 같다.

피할 수 없는 운명

자전거 여행을 하면서 피할 수 없는 것 중 하나가 바로 타이어 펑크다. 지금까지는 이틀이나 사흘에 한 번 정도 펑크가 났지만 어떤 날은 둘이 합쳐서 8번이 넘는 경우도 있었다. 짐을 모두 해체하고 수리를 마치는 데 앞바퀴 15분, 뒷바퀴 20분 정도 걸렸다. 신나게 달리다 타이어에 바람이 빠지기 시작하면 우리도 덩달아 얼마나 힘이 빠지던지…. 사진은 8번의 기록을 남긴 날이다.

처음에는 화가 났는데 계속 펑크가 나니 그냥 허탈한 웃음만 나왔다. 아무래도 중국을 떠나지 말라는 하늘의 뜻인 것 같아 그냥 쉬엄쉬엄 가기로 했다. 자전거를 수리하면서 웃고 있는 모습이 신기했는지 목동 한 명이 다가와 아예 자리를 잡고 구경을 하고 있다.

"형! 양하고 산양하고 얼마 하는지 물어봐 주세요."
평소 궁금했던 걸 해결하고 싶었다.
"둬 샤오 첸 메~~~"
어라? 양이 중국어로 '메~~~' 인가?
속으로 그럴 수도 있다는 생각을 하는 순간 형이 두 검지를 들어 머리 위로 갖다대더니 "둬 샤오 첸 메~~~"라고 하는 것이 아닌가. 그때 깨달았다. 저게 말로만 듣던 보디랭귀지라는 것을. 신기하게도 목동은 되묻지도 않고 바로 대답을 했다. 우리나라 돈으로 양은 5만 원 정도, 산양은 그보다 조금 비싸단다.

목동도 신세대 시대

예전에는 목동들이 말을 타고 양을 쳤지만 요즘은 오토바이를 타고 다닌다. 이렇게 길가에 오토바이가 서 있으면 근처에 목동이 있다는 뜻이다. 다 아는 얘기지만 이곳의 목동들도 동이 트면 양들을 데리고 초원으로 나와 하루 종일 풀어놨다가 해질 무렵 다시 목장으로 데리고 가는 것이 일상이다. 그렇기에 낮에 초원에서 만난 목동들은 열이면 열 모두 무료하게 시간을 보내고 있었다.

그래서 길을 물어보거나 다른 궁금한 것이 생겼을 때 이런 오토바이를 발견하면 해답을 찾은 것과 다름없다. 자전거를 세우고 잠시 기다리면 어김없이 어디선가 목동이 달려와 친절하게 설명을 해 주었다.

때로는 너무 과하여 시간을 많이 지체하는 경우도 있었지만, 뭐 이런 것이 여행의 재미 아닐까.

뜻밖의 초대

몽골로 가는 길은 드넓은 초원의 연속이었다. 거기에서 보이는 것이라곤 소와 양떼, 그리고 목동뿐이었다. 2~30km 간격으로 마을이 있긴 하지만 다섯 가구 정도가 고작이었다. 초원에서 가축을 기르는 사람들이 작은 마을을 형성해 살아가고 있겠다는 생각은 했지만 그 마을 사람들이 살아가는 풍경을 실제 체험해 보게 될 줄은 정말 몰랐다.

오후 4시쯤 드넓은 초원을 가로질러 몽골 국경을 향해 질주하고 있었다. 그때 도로 한쪽에 오토바이를 세워놓고 양떼를 지켜보고 있던 목동아저씨 한 분이 우리를 불러세웠다. 형이 아저씨와 몇 마디 주고받더니 집에 가서 차 한잔 하고 가라고 한다며 어떻게 할까 물어봤다.

"당연히 콜이죠!"

칭기즈 칸의 후예임을 자랑하는 동네 주민들은 몽골어를 일상어로 사용하고 있었다. 공식적으로는 중국 영토에 해당하지만 그들은 스스로 몽골인이라 했다. 우리가 초대받은 집은 3대가 함께 소와 양을 기르며 살고 있었다. 다음 사진 제일 왼쪽에 서 계신 분이 우리를 초대해 주신 목동아저씨, 그리고 오른쪽에 서 계신 분은 아저씨의 아버지뻘 정도 되는 분이다.

사진에서 보듯이 아버지뻘 되는 분은 이제 목동 일에서 손을 떼셨는지 얼굴이 뽀얗다. 하지만 매일 양떼를 몰고 초원에 나가 하루 종일 일하는 아저씨는 피부가 형만큼 까맣다. 중국의 초원에도 은퇴라는 것이 있나보다.

손님을 굉장히 반가워하던 아저씨가 차 한잔 하고 나니 저녁까지 먹고 가라고 권하셨다. 하긴 이런 곳에 타지 사람이, 더구나 자전거를 타고 한국 청년 둘이 들른 적이 없었겠지. 저녁 메뉴는 양고기국과 빵 되시겠다! 며칠 전까지만 해도 양고기를 어떻게 먹느냐고 하던

형은 언제 그랬냐는 듯이 한 그릇 뚝딱 해치웠다. 나 역시 오랜만에 따뜻한 국물을 먹고 나니 온기가 마음까지 녹여 주는 듯했다.

그런데 아까부터 나의 시선을 끄는 것이 있었다. 부엌 한쪽에 차곡차곡 쌓여 있는 버섯같이 생긴 것들. 다른 곳에서 이런 걸 봤다면 대수롭지 않게 넘겼겠지만 여기는 사막기후가 아닌가. 나무 한 그루도 자라지 못하는 곳에서 어떻게 버섯이 나온단 말인가! 알고 보니 그건 땔감으로 쓰기 위해 소똥을 말려놓은 것이란다.

며칠 전 나무를 구하지 못해 불도 없이 지낸 추운 밤이 생각났다. 불을 꼭 장작으로 피워야 한다는 것은 역시 우리의 어리석은 생각이었다. 퇴비에서 가스를 추출해 낼 수 있다는 건 알았지만 말린 똥이 그렇게 잘 타는지는 처음 알았다. 훨훨. 그렇다면 고비사막을 대비해 우리도 좀 말려볼까?

저녁식사를 마치고 일어서려는데 아저씨와 아주머니가 아쉬워하는 눈빛으로 하룻밤 자고 가지 않겠냐고 물으셨다. 우리야 두말할 것 없이 오케이지! 현지인의 집에서 처음 자게 된 우리도 기쁜 마음을 감출 수가 없었지만 아주머니와 아저씨의 표정은 우리보다 더 밝아 보였다. 이런 걸 상부상조라 하는 걸까.

겉보기에는 정말 초라한 시골집이지만 내부 사정은 전혀 달랐다. 둘 다 입을 다물지 못할 정도로 깔끔한 인테리어에 선반마다 자리잡고 있는 사진액자까지. 도심에 있는 아파트가 부럽지 않을 정도였다.

액자 속 사진들은 대부분 그들의 자녀들이다. 지금은 도시에 나가 공부를 하고 있단다. 자녀들에 대한 그리움 때문에 우리에게 더 잘해 주신 게 아닌가 싶다.

오랜만에 침대에서 푹 자고 나니 아침상이 준비되어 있었다. 찐빵과 밀크티! '마퉁차' 라고 불리는 이 밀크티가 말똥으로 만든 건 줄 알았는데 제조과정을 보니 말똥 같은 것은 확실히 들어가지 않았다. 확실하겠지? 아쉬운 마음을 담아 사진을 찍고 우리는 다시 몽골을 향해 달려갔다.

우리를 초대해 준 목동 아저씨.
그냥 한국 사람이라고 해도 믿을 것 같다.
인상만큼이나 마음씨도 좋은 아저씨.
벌써 보고싶다.

내 손안의 이정표

계속 지도를 보여 주며 길을 묻다 보니 지도가 너덜너덜해졌다. 그래서 형이 생각해 낸 것이 손바닥에 오늘 가고자 하는 곳의 지명을 써 놓는 것이었다. 이 왼손을 보여 주면 “아~ 거기!” 하면서 길을 가르쳐 주니 무지 편했다.

그래서 언제부턴가 아침에 눈을 뜨면 손바닥에 목적지를 적고 잠들기 전에 지우는 것이 일과가 되어 버렸다. 하루하루 목표를 설정하고 이를 달성해 나가는 성취감을 맛보는 재미가 생각보다 쏠쏠했다. 인생도 마찬가지겠지만 큰 목표와 함께 항상 달성 가능한 소소한 목표들을 세우는 것이 중요한 듯하다.

집 나오면 고생

아침부터 비가 내렸다. 옷과 신발이 물기를 한껏 머금고 있어 몸이 두 배는 무거웠다. 게다가 빗물이 계속 눈으로 들어와 정신까지 혼미해졌는데 자전거도 이상했다. 뒤를 돌아보니 뒷바퀴에 펑크가 났다. 에구구!

자전거를 세우고 끈으로 꽁꽁 싸맸던 짐을 풀어 자전거를 해체하기 시작했다. 펑크 난 바퀴를 미리 준비한 스페어 튜브로 교체하고 작은 펌프를 이용해 공기를 불어넣었다. 해체 작업 역순으로 짐을 다시 꾸리고 자전거에 올랐다. 그런데 느낌이 이상했다. 뒷바퀴에서 또 공기가 새어나왔다. 음…. 짜증이 밀려왔다. 뭐가 문제일까.

또다시 짐을 풀고 튜브를 교체하고 펌프질을 했다. 이번에는 짐을 묶기 전에 공기가 새는지 체크해 보고 출발했다. 그런데 웬걸, 10분도 지나지 않아 이번에는 앞바퀴에 펑크가 났다. 그 이후로도 원인 모를 펑크가 4번이나 더 났고 오후에는 형의 트레일러가 주저앉는 불상사까지 벌어졌다. 정말이지 바닥에 주저앉고 싶은 날이었다.

'지금까지 정말 편하게 여행을 했구나' 하는 생각이 들었다. '앞으로 다가올 시련은 이보다 몇 배는 더 하겠지?' 라고 생각하니 지금 이 상황은 즐길 만했다.

우리가 한참 트레일러와 씨름을 하고 있는데 어디선가 목동 한 분이 우리 앞에 나타났다. 굳이 말을 하지 않아도 그가 하고자 하는 말이 뭔지 그의 표정을 통해 알 수 있었다.

"에휴~ 이 불쌍한 것들."

우리에게 궁금한 걸 몇 마디 물어보는데, 포스가 장난이 아니었다. 같이 사진을 찍자고 부탁하니 고개만 끄덕이며 살짝 웃으시는데 자연적인 멋스러움이 묻어났다. 이 포스 넘치는 아저씨 스타일이 참 마음에 들었다. 여행하면서 처음으로 집에 가져가고 싶은 게 생겼다. 아저씨의 양털 점퍼. 그 점퍼를 벽에 걸어 두면 이날 비를 맞으며 자전거 수리하던 추억이 떠오를 것 같고, 그러면 어떤 시련과 고난이 와도 '이 정도쯤이야' 하고 웃으면서 넘길 수 있을 것 같았다.

왜 그랬을까…

유독 자전거를 타는 게 힘든 날이 있다. 그리고 설상가상, 이상하게도 아침에 기운이 없는 날은 어김없이 산길이 나타난다. 오늘도 하루 종일 열심히 페달을 밟았는데 아침에 목표로 했던 곳이 20km나 남았건만 이미 해가 저물기 시작했다. 해 지기 전에 도착하여 잠자리를 구하는 것은 이미 불가능해 보였다. 우리는 그냥 휴게소에서 배를 채운 후 천천히 이동하기로 했다.

그래서 도착한 곳이 화이라이 고속도로 휴게소다. 얼마나 배가 고팠는지 라면과 빵, 과자, 스팸 등을 미친 듯이 먹어치웠다. 한 시간쯤 지났을까 몸이 나른해지면서 이제 자라는 신호가 왔다. 아쉽지만 오늘은 이곳에서 자고 또 내일을 기약하는 것이 나을 듯했다. 그래서 휴게소 직원한테 조심스럽게 물었다.
"혹시 밖에 텐트를 치고 자도 될까요?"

그럼 그렇지, 건너편에 가면 숙소가 있단다. 한화로 2만 원 정도니까 자기가 전화를 해놓겠다고 그쪽으로 가보란다. 우리는 돈을 내고 자기 싫었지만 가격이라도 흥정해 볼까 하며 그 앞에 도착하자 숙소 직원들이 우르르 달려나와 대환영을 해 주는 게 아닌가.
'뭐지? 오랜만에 손님이 와서 그런가?'

숙소 직원 20여 명이 총동원되어 우리 짐을 들어주며 안으로 안내했다. 그리고 깔끔한 정장차림의 직원 한 명이 다가오더니 돈은 받지 않을 테니 푹 쉬다 가란다. 우리는 뜻밖의 상황을 이해할 수 없어 서로 멍하게 쳐다봤다.

"형~ 이건 뭐죠?"
"글쎄, 우리에 대해서 물어보지도 않는 걸 보면 여행에 관심이 있어서 그런 것 같지는 않은데…."

이유가 어찌됐건 자전거와 짐이 우리 옆에 있고 따뜻한 방안에 침대가 놓여 있으니 일단 자고 내일 아침에 다시 생각하기로 했다. 이게 얼마 만에 누워 보는 푹신한 침대인가. 침대 덕분인지 피로 때문인지 우리는 금세 곯아떨어졌다.

다음날 누군가의 노크 소리에 눈을 떠보니 아침식사가 준비됐으니 씻고 나오란다. 직원 식당에 뷔페가 차려져 있었다. 돈을 요구한다면 분명히 이 조식도 포함되어 있을 테니 일단 접시에 음식을 가득 담아 맛있게 먹었다.

방으로 돌아온 우리는 여러 가지 경우를 대비해 회의를 했다.
1번 : 2만 원 이상을 요구할 경우 2만 원이 들어 있는 형의 지갑을 보여 주며 흥정한다.
2번 : 2만 원을 요구할 경우 1만5천 원이 들어 있는 내 지갑을 보여 주며 흥정한다.
3번 : 그 이하를 요구할 경우 기쁜 마음으로 전액을 준다.

우리는 이렇게 만반의 준비를 하고 짐을 밖으로 옮기기 시작했다. 그때 어제 그 깔끔한 정장차림의 직원이 우리에게 오더니 불편한 것은 없었는지 물어보며 찾아줘서 고맙고 조심해서 목적지까지 가길 기원한다는 말을 건넸다.

“숙박업을 하는 곳에서 정말 무료로 재워 줄 리가 없잖아?”
형의 말이 맞았다. 다른 곳도 아니고 영리를 목적으로 운영하는 휴게소 숙소인데. 우리가 먼저 조심스럽게 숙박비 이야기를 꺼냈다. 그러자 해 준 것이 없다며 정말로 돈은 받지 않겠다고 하는 것이 아닌가! 이건 고마움을 넘어서 미안한 마음까지 들었다. 한국을 좋아해서 그런 것일까, 우리가 불쌍해 보여서 그런 것일까.

우리의 여행에 대해서 조금이라도 물어봤다면 이렇게 혼란스럽지는 않았을 텐데. 테레사 수녀님이 무조건적인 사랑을 실천했듯이 세상에는 마음 착한 사람이 많다는 결론을 내릴 수밖에 없었다. 이유를 알았으면 좋았겠지만, 어찌됐건 이 맛에 여행을 하는 것 아닐까?

가장 좋은 시간

펑크가 몇 번 나든 바람이 얼마나 심하게 불든 해 지기 한 시간 전이면 우리는 어김없이 잠자리를 찾았다. 그리고 텐트를 치고 저녁식사 준비를 위해 불을 피웠다. 쌀을 안쳐놓은 코펠에서 김이 모락모락 나기 시작할 때, 바로 그때가 하루 중에 내가 가장 좋아하는 시간이다. 오늘도 열심히 목표를 향해 달려왔고, 잠을 잘 수 있는 텐트가 있고, 따뜻한 밥이 있고, 이 순간을 함께 할 사람이 있다는 사실이 나로 하여금 부족함을 느끼지 못하게 해 주었다.

한국에서는 잠들기 전 이렇게 평온함을 느껴본 적이 거의 없다. 항상 그날의 찝찝함이 남거나 다음날의 걱정이 일상처럼 느껴졌다. 이것이 스트레스인 줄도 모른 채 그저 그렇게 하루를 마무리하곤 했다. 하지만 일상에서 벗어나 여행을 하다 보니 진정 평온한 것이 무엇인지 알게 됐다.

다른 반찬 없이 그저 밥과 고기만 구워 먹어도 맛있고, 딱딱한 돌멩이가 등에 배겨도 텐트 안은 아늑했다. 오늘 한 것이라고는 자전거로 100km 남짓 달려온 것밖에 없는데도 뿌듯했다. 오늘에 대한 미련이 전혀 없고 내일 아침이 기다려지기만 했다. 이런 것이 행복 아닐까?

초원의 바람이 얼마나 센지 잘 보여주는 녀석들이다.

초원의 풀이나 짧다란 나뭇가지들이 바람에 굴러다니면서 저렇게 커져 버렸다.

도로 위를 쌩하고 지나가는 모습이 여간 귀여운 게 아니다.

철조망이 있어 더 이상 구르지 못하는 녀석들이 안타깝기만 하다.

그저 좋은 날

날은 좋고 지나다니는 사람이 없어서 작품사진 좀 찍자고 찍은 사진이다.
앞으로 펼쳐질 우리 여행에 이보다 몇 배는 더 아름다운 곳이
나타나리라 감히 장담해 본다.

작은 인연도 소중하게

몽골 국경이 가까워왔다. 대전에서 서울까지 정도의 거리만 가면 이제 중국과도 이별이다. 그래서 한국에서 우리 소식을 기다리고 있을 가족과 친구들을 위해 숙소를 잡고 블로그에 사진과 글을 올리기로 했다.

방에 짐을 풀어놓고 카운터에 있는 아가씨에게 인터넷을 할 수 있는 곳을 물어보니 자기가 앞장서서 근처의 PC방까지 안내해 주겠단다. 그리고 돌아오면 저녁도 사 주겠다고. 그런데 우리가 사진을 올리고 있을 때 그 친구가 다시 오더니 부모님이 찾아서 저녁식사 전에 돌아올 수 있을지 모르겠다고 했다.
'그러면 그렇지, 밥 사준다는 건 빈말이었네~'
우리 예상대로 다음날 아침 숙소를 떠날 때까지 그 아가씨의 모습은 다시 볼 수 없었다.

우리는 재정비를 하고 다시 힘차게 페달을 밟아 국경도시에 도착하여 식료품을 구하기 위해 슈퍼를 찾아 두리번거리고 있었다. 그때 우리 옆에 차가 한 대 멈춰서더니 어떤 남자가 내려 대뜸 쪽지 하나를 건네는 게 아닌가. 거기에는 그 아가씨의 이름과 전화번호, 그리고 급하지 않으면 중국에서 하루만 더 머물다 가라고, 자기가 밥을 사 주겠다는 약속을 꼭 지키고 싶다는 내용이 적혀 있었다.

감동 그 자체였다. 우리가 몽골로 향한다는 이야기를 얼핏 듣고 그 방향으로 친구를 보낸 것이었다. 쉽게 말하자면 대전에서 만난 친구가 자전거를 탄 두 여행객을 찾아 서울까지 와서 도시 전체를 훑고 다닌 것이다.

인연이라는 것이 무섭기도 하다. 서울에서 김서방을 찾아내다니. 우리는 그 친구와 식사를 하기 위해 중국에 하루 더 머물기로 했다. 그리고 그 친구와 함께 공룡박물관도 구경하고 나이트클럽까지 가서 중국에서의 마지막 밤을 보냈다. 헤어지는 순간까지도 아쉬워하던 그 친구 때문에 국경을 넘어가는 발걸음이 가볍지만은 않았다.

여행을 하며 처음으로 느꼈던 아쉬움. 나는 과거를 너무 쉽게 훌훌 털어버리는 습관을 갖고 있었다. 이젠 사람과의 관계만큼은 작은 인연도 소중하게 여기는 법을 배워야겠다.

VIT ESSE

ХУРД-УХЭЛ

국경에서 만난 고마운 사람

중국에서의 아쉬움을 뒤로 한 채 몽골 국경에 도착했다. 검색대를 통과하기 위해 자전거를 끌고 건물에 들어서자 직원 한 명이 뛰어와서 자전거는 안 된단다. 도대체 뭐가 안 된다는 건지 모르지만 사람은 되는데 자전거는 안 된단다.

영문도 모른 채 건물 밖으로 쫓겨나자 멀리서 지켜보고 있던 남자 한 명이 우리에게 다가와 조심스럽게 말을 건넸다.
"저 한국말 할 줄 아는데 도와드릴까요?"
짧은 머리, 서툰 한국말, 작은 목소리. 이것은 분명히 사기꾼이다. 아무리 도움이 필요한 상황이지만 우리는 정중히 거절했다. 그러자 옆에 있던 다른 남성이 나섰다.
"안녕하세요. 저는 한국 사람인데 도움 필요하면 이 친구가 도와드릴 수 있어요."
30대 중반쯤 된 깔끔한 옷차림의 남자를 보니 괜히 오해를 한 것 같아 미안한 마음이 들었다.
"사실 자전거로 여행을 하고 있는데 문제가 생긴 것 같아요."
처음 우리에게 말을 걸었던 남성이 직원이랑 몇 마디 주고받고 오더니 시원하게 상황을 설명해 주었다.
"자전거는 차량으로 분류되기 때문에 사람이랑 같이 검색대를 통과할 수 없다네요. 자전거를 꼭 가져가려면 차량에 싣고 국경을 통과

하는 방법밖에 없대요."
우리는 그의 도움으로 밖에 대기하고 있던 다른 차량에 자전거와 짐을 싣고 국경을 넘었다. 도움을 받고도 고맙다는 말을 전하지 못해 미안했는데 다행히 기차역 앞에서 그 두 분을 다시 만날 수 있었다. 정식으로 서로 인사를 주고받았다.

깔끔한 옷차림의 남성은 몽골 수도 울란바토르에서 사업을 시작한 한국 사람이고, 처음 말을 건넸던 분은 사업을 도와주는 몽골인이었다. 우리는 고맙다는 말을 전하려고 갔는데 젊은이들이 고생한다며 점심까지 사 주시겠단다. 기차역 옆 작은 식당에 자리를 잡았다.
"설마 여기서부터 자전거를 타고 간다는 건 아니죠?"
"맞아요~"
"여기부터 계속 사막인데 자전거를 탄다고요?"
"네! 그런데 도로 상태는 어떤가요?"
"도로 같은 건 없는데…."
순간 정적이 흘렀다. 분명 구글어스로 검색했을 때는 울란바토르까지 쭉 이어진 도로가 있었다. 도로가 있는지 없는지는 잠시 후에 직접 확인해 보면 알겠지. 국경에서 우리를 구원해 주고 점심까지 사준 두 분은 울란바토르에 도착하면 연락하라며 전화번호까지 건넸다.

처음으로 어딘가에 도착하면 연락할 사람이 생겼다. 정말 다시 만날 수 있을지는 모르지만 전화번호가 적혀 있는 쪽지 한 장만으로도 마음이 든든했다. 그렇다면 이젠 그토록 학수고대하던 고비사막으로 들어가는 일밖에 남지 않았다.

고비사막, 고비의 시작

기차역을 떠나 북쪽으로 조금 올라가자 엄청난 광경이 눈앞에 펼쳐졌다. 끝이 보이지 않는 모래언덕의 연속. 굳이 누가 알려주지 않더라도 여기서부터 고비사막의 시작임을 알 수 있었다. 그래서 안내표지판 하나 세워놓지 않았나보다. 현지인의 설명대로 도로나 이정표 따위는 없었다.

첫 번째 모래언덕. 앞서가던 형이 갑자기 속도를 올렸다. 아마도 탄력을 받아 저 모래언덕을 넘어가려는 것이리라. 나도 뒤따라 페달을 힘차게 밟았다. 그런데 '슝~' 하고 달려가던 형이 '푹~' 모래언덕에 처박혔다. 나도 속도를 주체하지 못하고 형 바로 옆자리에 자전거 앞바퀴를 꽂아 버렸다. 모래 속에 파묻힌 모습이 얼마나 우스운지 서로 바라보며 한참 웃어댔다.

정말 황당한 일을 겪으면 웃음밖에 나오지 않는 것 같다. 앞으로 겪게 될 일을 뻔히 알면서도 걱정은커녕 호탕한 웃음만 나왔다. 그렇게 한참 시간이 흘렀다. 이제 다시 현실로 돌아가야 할 시간. 이번에는 자전거를 끌고 모래언덕을 올라가기 시작했다. 그런데 무게가 엄청났다. 사막을 대비해 생수 40리터와 초코바를 대량으로 준비한데다 바퀴가 모래에 파묻혀 체감무게가 100kg는 족히 되는 것 같았다. 게다가 밟고 있는 모래가 계속 아래로 무너져내려 1m를 올라가

면 절반은 다시 미끄러져 내려왔다.

녹초가 된 채 언덕 정상에 오르자 지평선이 보였다. 그리고 힘겹게 올라온 이 같은 모래언덕이 그 지평선 끝까지 쭉 이어져 있었다. 직선거리로 가려면 모래언덕을 수백 개는 넘어야 할 것 같았다. 이렇게는 400km가 넘는 사막지대를 도저히 빠져나갈 수 없었다. 이동거리가 늘어나더라도 모래언덕을 돌아가면 아래쪽에는 모래 양이 적어 자전거를 타고 갈 수 있을 것 같았다.

도전! 다시 자전거에 올랐다. 이건 자전거를 타는 건지 묘기를 부리는 건지, 어쨌든 자전거는 조금씩 전진을 했고 모래언덕을 끌고 올라가는 것보다 수월했다.
"그래, 죽으라는 법은 없어~ 그렇지?"
형이 웃으면서 말했다.
"오~ 형, 자전거 잘 타는데요?"

역시 힘들 때는 농담만한 특효약은 없다. 우리는 반원을 그리며 사막을 헤쳐나가기 시작했다. 그런데 빙글빙글 돌다보니 방향감각이 사라져 버렸다. 이럴 때를 대비해 준비한 것이 있지. 가방 속에서 나침반을 꺼냈다. 그리고 북쪽을 향해 전진!

소고기비빔밥의 감동

해가 저물어가고 일과를 마무리해야 할 시간. 그런데 여기서는 잠자리를 따로 찾아다닐 필요가 없다. 그저 짐을 풀고 텐트를 던지면 그곳이 잠자리가 된다. 사막이라서 편한 것도 있다니!

내가 텐트를 치고 형이 저녁식사 준비를 했다. 메뉴는 사막을 대비해 준비한 비상식량. 뜨거운 물만 부으면 비빔밥이 완성된다. 전시를 대비해 군대에서 개발한 비상식량은 요즘 등산객들을 위해 종류도 다양해졌다. 그래봤자 '고추장비빔밥'과 '소고기비빔밥' 두 가지밖에 없지만 당분간 우리 끼니를 해결해 줄 소중한 녀석들이다.

오늘은 너무 고생했으니 소고기비빔밥을 먹기로 했다. 깜찍하게 종이컵만한 된장국까지 들어 있다. 국부터 한 모금 마시고 비빔밥 시식에 들어갔다. 캬~. 감동 그 자체였다. 훈련소에서 처음 먹었던 초코파이보다 맛있었다.

오랜만에 맛보는 한국의 맛에 미각이 200% 살아나 그 감동을 온몸으로 전달해 주는 느낌. 비빔밥 한 숟가락에 닭살이 돋는 경험은 또 처음이다. 아무도 없는 사막 한가운데서 먹는 저녁은 정말 말로 표현하기 힘들 정도로 감동적이었다.

땅 반 별 반

저녁을 먹고 나자 깜깜한 어둠이 우리를 둘러싸고 있었다. 그리고 고개를 들자 수천 개의 별들이 머리 위로 쏟아질 것처럼 빛나고 있었다. 땅 반, 별 반이다. 하늘에는 빈 공간을 찾아보기 힘들 정도로 별이 빼곡했다. 인공적인 불빛이 전혀 없고, 사방에 지평선이 보이는 곳이 과연 지구상에 얼마나 있을까. 마치 오늘 모래언덕과 씨름하며 고비사막을 원망하기 시작한 우리에게 선물이라도 내리듯 이곳의 밤하늘은 정말 장관이었다. 문명을 뒤로하고 오로지 사막 깊은 곳까지 와야지만 접할 수 있는 경험이었다.

파묻히다

마음 같아서는 별을 보며 자고 싶었지만 밤이 되자 기온이 뚝 떨어졌다. 밤과 낮의 기온차가 20도는 족히 되었다. 물이 부족한 상황에서 설거지는 어떻게 할까 고민을 하다 너무 추워 양치만 하고 얼른 텐트 속으로 들어갔다. 내일 되면 좋은 방법이 떠오르겠지. 일단 자고 보자. 무슨 수면제라도 뿌려 놓은 것처럼 침낭 속에만 들어가면 3초 만에 잠이 들어 버린다.

다음날 아침, 역시 알람시계가 울리기도 전에 눈이 떠졌다. 그런데 느낌이 이상했다. 주위를 둘러보니 침낭이 반쯤 모래 속에 파묻혀 있었다. 급히 형을 깨웠다.
"형! 일어나보세요~"
"어! 뭐야 이거? 웬 모래야? 혹시 텐트 문 열어 놓고 잤어?"

내가 묻고 싶은 말이었다. 분명히 텐트 문도 창문도 꽉 닫혀 있는데 이 많은 모래가 어떻게 텐트 속으로 들어왔을까. 재빨리 텐트 밖으로 나와 보니 밤새 불어댄 바람 때문에 고운 모래가 텐트 벽을 뚫고 들어온 것이었다. 밖에 두었던 가방들은 이미 모래 속에 파묻혀 실종상태가 되었다. 어젯밤에 별을 보며 풀렸던 긴장이 또다시 발동하기 시작했다.

역시 여행은 당근과 채찍의 연속이다. 그래서 더 흥미진진한 것이 아닐까. 당분간은 아침에 텐트 속의 모래부터 퍼내야 하니 일과가 하나 추가된 셈이다. 그래도 아침마다 채찍을 한 대 맞고 시작하니 마음은 편했다. 짐 싸고 당근 먹으러 출발~

막연한 두려움

밤에는 추위가, 낮에는 더위가 우리를 괴롭혔다. 강렬한 태양과 모래에서 뿜어져 나오는 지열로 땀이 비 오듯 흘러내렸다. 일단 살기 위해 갖고 있는 생수를 계속 마셨다. 평소보다 세 배 정도. 하루에 5리터씩 8일간 마실 수 있는 생수를 준비했는데 이틀 동안 거의 3분의 1을 소진해 버렸다.

어제부터 사막 곳곳에 보이던 동물의 뼈가 자꾸 머릿속을 맴돌았다. 소나 낙타의 것으로 보이는 뼈가 온전하게 보존된 것으로 봐서는 누가 잡아먹은 것이 아니라 쓰러져 그 자리에서 천천히 썩어간 것이 분명했다. 아마도 제때 수분 섭취를 하지 못해 죽은 것이리라.

이런 환경에서는 동물이나 사람이나 다를 것 없이 똑같은 신세가 될 수 있겠다는 생각이 들었다. 두려움. 처음으로 죽음에 대한 막연한 두려움이 밀려왔다. 어쩌면, 아니 제대로 판단하지 않으면 당연하게 죽음으로 이어질 것이다. 나침반을 꺼내 다시 한 번 제대로 가고 있는지 확인했다. 그런데 앞서가는 형이 정북쪽이 아닌 서북쪽으로 달리고 있었다.

"형! 우리 조금씩 서쪽으로 가고 있는 거 아니에요?"
형이 나침반을 꺼내 확인하더니 제대로 가고 있단다.
"아니에요~ 이거 보세요."
내 나침반을 보여 주었다.
"어? 이거 내꺼랑 방향이 다른데?"

두 개를 비교해 보니 정말 두 나침반은 미세하게 다른 방향을 가리키고 있었다. 둘 중 하나가 고장난 모양이다. 아니, 어쩌면 두 개 다 잘못된 것일 수도 있다. 그러나 나침반 없이는 사막을 절대로 벗어날 수 없기 때문에 둘 중 하나를 골라 우리 운명을 맡겨야 했다.

우리는 태양의 이동경로를 보고 형의 나침반을 선택했다. 그 결정이 맞는지는 며칠 후 지도상에 나와 있는 마을이 나타나느냐 아니냐를 보면 알 수 있을 것이다.

오아시스를 찾아

당장 눈앞의 모래언덕을 어떻게 넘느냐가 문제가 아니었다. 형의 나침반을 선택한 것이 옳은 판단이었다 하더라도 하루에 60km도 전진하지 못하는 상황에서 이대로 가다가는 첫 번째 마을에 도착하기도 전에 물이 고갈될 것이 분명했다. 경로를 이탈하더라도 일단 물을 보충하고 가야 할 것 같았다.

그런데 지도가 있어도 위치를 정확히 모르는 상황에서 섣부른 판단을 했다가는 정말 재앙을 맞이할 수도 있었다. 진지한 의논 끝에 물을 최소한으로 소비하며 원래 계획대로 가기로 했다.

그렇게 한껏 근심을 안고 달리는데 멀리서 낙타와 양떼가 보였다. 사막 한가운데 웬 가축? 낙타야 원래 사막에 산다지만 야생양은 본 적도 들어본 적도 없었다. 가축은 인간에 의해 길러지는 동물 아닌가. 갑자기 지도상에 표시되어 있지 않은 마을이 근처에 있을 수도 있겠다는 희망이 생기기 시작했다.

주변을 살펴보기 위해 얼른 가장 높은 언덕으로 올라갔다. 그런데 희망사항은 역시 희망사항에 불과했다. 지평선 끝까지 마을 흔적은 전혀 보이지 않았다. 그럼 저 양들은 정말 세상에 알려지지 않은 야생양이란 말인가. 그래도 저 무리들이 우리를 문명으로 인도해 주지는 못하더라도 저들을 따라가면 물은 찾을 수 있겠다는 생각이 들었다. 동물은 인간보다 생존감각들이 뛰어나기 때문에 분명히 야자수가 있는 오아시스로 우리를 안내해 줄 것이라 믿었기 때문이다.

우리는 그 녀석들을 따라가기 시작했다. 정말 황당했지만 현재 상황에서 우리가 할 수 있는 가장 현명한 일이었다. 그래도 다행인 것은 이들이 북쪽으로 이동한다는 것이었다. 모래언덕 몇 개를 지나자 더 큰 무리의 낙타들이 모여 있었다. 자세히 보니 그 사이에 말도 몇 마리 끼어 있었다. 우리가 뒤따라간 무리가 합쳐지자 낙타와 말 그리고 양 30~40마리 정도가 한 자리에 모이게 됐다.

우리를 오아시스로 인도해 주길 바랐건만 이 녀석들은 그냥 친구들을 만나러 왔나보다. 그런데 다시 보니 무리 사이로 무언가 보였다. 가까이 다가가자 둥근 모양의 시멘트 구조물 위에 나무덮개가 덮여 있는 것이 눈에 들어왔다.

"혹시, 이건 우물?"
재빨리 뚜껑을 열어 확인해 보기로 했다. 나무덮개를 치우자 찰랑거리는 소리와 함께 시원한 한기가 뿜어져 나왔다. 물이었다! 그것도 시원한 물! 옆에 연결돼 있는 줄을 끌어올리자 계곡물같이 차가운 물 한 바가지가 올라왔다.
"형! 살았어요!"
바가지 물을 옆에 내려놓자 갑자기 낙타들이 요동하기 시작하더니 한 녀석이 그 바가지 속으로 주둥이를 집어넣었다.

"이 녀석들 우리처럼 목이 말라서 이곳에 모여 있었던 거구나! 그래, 찬물도 위아래가 있는 법이지. 너희가 원래 주인이니 먼저 마셔라."

물을 길어 옆에 있는 길쭉한 나무에 물을 부어 주자 근처에 있던 낙타들이 다 모여들었다. 낙타가 물을 적게 마실 거라는 내 생각과는 달리 낙타들의 흡입력은 대단했다. 내가 그 속도에 맞추지 못할 정도였다. 다행히 욕심은 없어서 갈증이 해소된 녀석들은 한두 마리씩 뒤로 물러났다.

낙타들이 자리를 뜨자 뒤에서 대기하고 있던 말들이 나섰다. 여기에도 그런 위계질서가 존재하나보다. 정말 신기했다.
"그럼 말 다음에는 양들이 오겠군."

역시 우리 예상이 적중했다. 야생에서 인간의 순서는 맨 마지막이었다. 그래도 사막 한가운데에서 누군가에게 도움을 주고 있다고 생각하니 뿌듯함마저 들었다. 양들이 물을 다 마셔 갈 때쯤 멀리서 또 다른 낙타 한 무리가 달려오는 모습이 보였다.

낙타가 걷는 모습은 TV로 자주 봤지만 저렇게 말처럼 뛰는 모습은 처음이었다. 얼른 물을 길어 우리도 마시기 시작했다. 그러나 채 일 분도 지나지 않아 낙타 무리가 도착하여 우리가 마시고 있는 물에 주둥이를 밀어 넣었다.
"에이 모르겠다~"

우리도 그냥 낙타와 함께 물을 마시기 시작했다. 낙타의 털이 목구멍에 걸려도 좋았다. 정말 꿀맛이었다. 우리가 상상하던 그런 야자수가 있는 오아시스는 아니었지만 그 우물 덕분에 우리는 목숨을 연장할 수 있게 됐다.

다시 짐을 꾸려 출발하려는데 목동 한 명이 말을 타고 나타났다. 이게 얼마 만에 보는 사람인가. 영화 '올드보이'에서 최민식이 몇 년 만에 사람을 만났을 때 이런 기분이었을까. 눈물이 날 것 같았다. 어떻게 알았는지는 모르지만 가축들에게 물을 길어 줘서 고맙다는 표현을 했다. 이때다 싶어 우리가 제대로 가고 있는지 물어봤다. 긴장되는 순간.

끄덕끄덕, 정확히 가고 있단다. 와우! 이렇게 기쁠 수가 없었다. 물도 보충하고 우리 위치도 알아내다니. 정말 십년감수했다. 고비사막에서 발견한 오아시스, 정말 잊지 못할 것이다. 이제 이대로만 간다면 내일 점심때쯤 첫 마을에 도착할 수 있을 것 같았다.

예전에는 대수롭지 않게 여기던 것들에 대한 소중함을 절실히 느꼈다. 사람이 먹고 마시지 않고서는 살 수 없다는 건 알고 있었지만, 그 중요성이 이렇게 피부로 와 닿는 것이 신기할 따름이었다.

사막에 비가 내리다

오늘도 해가 서서히 저물어갔다. 텐트를 치고 또 맛있는 비빔밥을 먹을 시간이다. 그런데 하늘에서 갑자기 빗방울이 떨어졌다. 물이 없어서 그 고생을 했는데, 사막에 비가 내리다니. 스카이다이빙, 번지점프, 이런 것은 특별한 경험이라고 말할 수도 없겠다. 사막에서 시원하게 비를 맞아보는 경험이야말로 정말 스페셜한 것이 아닐까. 정말 이 여행, 황당함의 연속이다.

다음날 아침, 다행히 비는 그쳤다. 짐을 꾸리고 문명을 향해 힘차게 페달을 밟았다. 점심때쯤 되자 고운 모래지대가 끝나고 딱딱한 바닥이 이어졌다. 반가웠다. 속도도 몰라보게 빨라졌다.

"오~ 예~"

한참을 달리는데 저기 멀리 차량들이 보였다. 그런데 차들이 사막 한가운데 멈춰서 있었다. 그쪽으로 다가가자 자전거가 묵직해지는 것이 느껴졌다. 밤새 내린 비 때문에 바닥이 진흙투성이가 된 것이다. 진흙이 서서히 바퀴에 달라붙기 시작하더니 어느 순간부터는 더 이상 굴러가지 않았다. 눈을 뭉쳐서 굴리다 보면 엄청난 크기의 눈사람이 완성되는 것처럼 바퀴가 진흙을 끌어모아 어마어마하게 커져 멈춰선 것이다. 자전거에서 내려 땅에 발을 딛자 이제는 신발까지 진흙범벅이 되었다. 이제 저 차들이 왜 여기 멈춰섰는지 알겠다.

"형, 이 상황을 어떻게 하죠?"
"뭐 자전거는 굴러가지 않으니 걸어서 짐을 옮겨야지."

그 작업이 얼마나 힘들지 뻔히 알면서도 형은 웃으면서 얘기했다. 형의 말대로 우리는 모든 짐과 자전거를 걸어서 옮겼다. 제일 무거운 가방을 들고 발이 푹푹 빠지는 진흙탕을 걸었다. 그냥 걷기도 힘든데 무거운 짐을 들고 있으니 진흙이 발목까지 삼켜 버렸다. 그래도 다른 방법이 없으니 그냥 형 말대로 하는 수밖에. 그렇게 모든 짐과 자전거를 자동차들이 있는 곳으로 옮기는 데 30분이나 걸렸다.

그곳에 도착하니 대형트럭 한 대가 나머지 승용차들을 진흙에서 빼내는 작업을 하고 있었다. 우리도 왠지 이 상황을 무시하고 그냥 지나쳐 버리면 안 될 것 같아 팔을 걷어붙이고 현지인들과 함께 승용차를 미는 데 합세했다. 그렇게 두 시간쯤 진흙과 사투를 벌인 끝에 꼼짝 못하고 있던 승용차들이 무사히 빠져나왔다.

이제 남은 건 우리와 트럭뿐. 다시 자전거로 돌아와 짐을 옮기려 하자 트럭 주인이 안쓰러운지 근처까지 태워다 주겠다고 했다. 자전거와 함께 우리도 트럭에 올라 출발! 그런데 그 순간 밖에서 '펑!' 하는 소리와 함께 트럭이 주저앉아 버렸다. 오른쪽 뒷바퀴가 터져 버린 것이다. 그 무거운 자동차를 끌고 갈 때도 문제없던 트럭이 펑크 나다니, 왠지 우리 때문인 것 같은 죄책감이 들었다.

그래도 스페어타이어가 있어 다행이었다. 사이즈가 조금 달라서 그렇지 바퀴를 교체하는 작업은 자전거 수리와 비슷하지 않겠는가. 트럭을 들어올리고 펑크 난 바퀴를 빼고 스페어타이어를 장착했다. 말은 간단하지만 이 작업을 하는 데 한 시간이나 걸리고 온몸은 땀범벅이 되었다.

다시 출발한 지 10분 정도 지났을 때였다. '펑' 하는 소리와 함께 좀 전에 교체했던 타이어가 또 터져 버렸다. 그 스페어타이어는 틀림없는 불량품이었다. 다시 타이어를 교체하느니 차라리 그냥 걸어서 짐을 옮기고 싶었지만 자전거를 이 트럭에 싣는 순간 우리는 한 배를 탄 것이나 다름없었다. 죽이 되든 밥이 되든 끝까지 함께 해야 했다.

우리는 아까 흘린 땀이 채 마르기도 전에 또다시 땀범벅이 되었다. 제발 더 이상 펑크 나지 않길 바라는 마음으로 다시 출발을 했는데 이번엔 엔진에서 연기가 났다. 아저씨가 보닛을 열고 안을 열심히 들여다보더니 냉각수가 세어서 엔진이 과열된 것이란다. 그래서 일단 급한 대로 냉각수통에 물을 붓고 엔진 온도를 낮춰 보기로 했다. 물을 붓자 아래로 물이 그대로 흘러나오는데도 아저씨는 다 해결됐다며 좋아했다.

몽골 사람들의 인내심과 긍정적인 마인드는 어디서 나오는 것일까.

역시 우리 예상대로 트럭은 얼마 가지 못하고 또 퍼져 버려 결국엔 아저씨가 우리 휴대전화로 어디엔가 도움을 요청했다. 이제 우리가 할 수 있는 것은 그냥 기다리는 것뿐이었다.

심심풀이로 뭘 할까 고민하다 준비해 온 윷이 생각났다. 그렇게 사막 한가운데서 윷판이 벌어졌다. 윷을 던져서 나오는 대로 말을 전진시키기만 하면 되는 간단한 게임인 줄 알았던 윷놀이가 생각보다 복잡했다. '업고 가기, 해골바가지에 퐁당, 빽도' 등 설명해야 할 것이 많았다. 그것도 모두 보디랭귀지로 말이다.

그렇게 열심히 규칙을 숙지하고 우리는 '고비사막배 윷놀이'를 시작했다. 명절 때나 한 번 하던 윷놀이를 오랜만에 하니 꽤 흥미진진했다. 아저씨는 우리보다 더 신난 눈치였다. 그렇게 윷놀이 삼매경에 빠져 있을 때 우리를 구원해 줄 오토바이 한 대가 도착했다. 수리를 하는 손놀림으로 봐서는 전문가는 아닌 듯 보였지만, 트럭이 다시 굴러갈 수 있게 해 주었다.

트럭을 수리하고 우리는 점심때 도착했어야 하는 그 마을에 늦은 저녁이 되어서야 도착했다. 감사하다는 인사를 전하고 떠나려 하자 아저씨가 돈 2만 원을 요구했다. 우리가 태워 달라고 한 것도 아닌데, 긴 시간은 아니지만 그동안 나름 정이라는 것이 들었는데 돈을 요구하니 조금 실망스럽기는 했다. 그래도 어찌 항상 좋은 일만 있겠는가, 실망도 해 보고 그래야지.

굿바이 사막

사막에 들어온 지 8일째 되는 날. 며칠 전 들렀던 마을에서 샤워를 할 수 있을까 기대를 했지만 마을엔 샤워 시설이 전혀 없었다. 물론 마을이라고 해 봤자 20여 가구 모여 사는 판자촌이었지만 어떻게 샤워꼭지 하나 없을 수 있단 말인가.

물어보니 물이 귀해서 샤워 자체를 하지 않는단다. 아침에 일어나서 세수하고 머리를 살짝 적시는 걸로 샤워를 대신한단다. 우리도 동전 티슈를 물에 적셔 세수를 하고 물 한 모금으로 양치질을 했다. 샴푸는커녕 몸에 물 한 번 묻혀 보지 못했다. 그것도 8일 동안.

그러나 이 생활도 오늘이 마지막이다. 이제 조금만 더 가면 사막이 끝나고 포장도로가 나올 것이기 때문이다. 도로가 있다는 것은 중간중간에 문명이 자리잡고 있다는 뜻이다. 정말 앞이 까마득했던 고비 사막과도 이제 이별을 해야 할 시간이다.

엘리베이터 있는 아파트

포장된 도로를 만나고 3일 만에 몽골 수도 울란바토르에 도착했다. 그러나 베이징에서 겪었던 수모 때문인지 도시에 도착하자 마음이 영 불편했다. 그래도 우리에겐 비장의 무기가 있었다. 중국 국경에서 만났던 형님! 전화번호가 적힌 쪽지를 꺼내 전화를 걸었다.

"저… 안녕하세요. 저번에 만났던 자전거 여행객입니다."
혹시 우리를 잊었으면 어떡하나 걱정하며 조심스럽게 말을 꺼냈다.
"자네들, 아직 살아 있었네! 내가 얼마나 기다렸는지 알아?"
도착해서 전화하라는 말은 그냥 해 본 말이 아니었다. 도시마다 이렇게 아는 사람이 있다면 얼마나 편할까.

집으로 초대해 주신 분은 '석균이 형,' 동업자이자 룸메이트인 '용주 형,' 그리고 통역을 담당하면서 회사 매니저로 있는 몽골인 '어기 형' 이다. 현지에 'EZCON' 이라는 회사를 설립하여 신공법 시멘트 관련 사업을 하고 있다.

초대받아 간 곳은 형들이 살고 있는 아파트였다. 그것도 엘리베이터가 있는 아파트. 이게 얼마 만에 타 보는 엘리베이터인가. 페달을 밟지 않고도 높은 곳으로 올라가는 것이 신기하기만 했다.

문을 열고 들어가자 각종 편의시설이 우리를 반겨주었다. 욕조, 세탁기, 소파, 노트북, TV, 침대… 사막에서 만신창이가 된 우리를 위로해 줄 녀석들이다. 우리는 그곳에 6일 동안 머물며 저녁에는 형들과 어울리고 낮에는 둘이 시내 구경을 하며 휴식을 취했다.

'촉' 이 뛰어난 몽골리안

울란바토르에는 참 신기한 것들이 많다. 우선 집밖으로 나와서 손을 흔들면 지나가던 차가 멈춰 선다. 행선지를 말하면 안에서 가격을 부르고 합당하다 싶으면 그 차를 타고 목적지에 도착했을 때 돈을 주고 내리면 된다. 이것이 바로 몽골리안 택시다. 따로 영업신고를 하지 않고 차만 있으면 누구든지 돈벌이를 할 수 있단다. 대부분의 차가 유럽 쪽에서 넘어온 중고차들이지만 운이 좋으면 가끔 허머나 마세라티 같은 고급차를 탈 수도 있다.

또 신기한 것은 도로에 차선이 전혀 그려져 있지 않고 신호등도 거의 없는데 사고가 잘 나지 않는다는 사실이다. 그렇다고 교통량이 적거나 운전을 얌전하게 하는 것도 아닌데 말이다. 몽골인들에겐 특별한 무언가가 있는 것 같다. 우리는 그것을 '촉' 이 뛰어나다고 표현한다.

어기 형의 차를 타고 교외에 놀러갔을 때의 일이다. 시속 100km로 교차로를 통과하려는데 갑자기 오른쪽에서 다른 차량이 시속 80km 정도로 달려오는 것이 보였다. 뒤에서 그 광경을 지켜보던 우리는 비명을 지르며 이미 충돌을 대비해 팔로 머리를 감쌌다. 하지만 어기 형은 브레이크도 밟지 않고 그대로 교차로를 통과해 버렸다. 정말 깻잎 한 장 차이로 사고를 모면했다.
"형! 사고 날 뻔했어요!"
안도의 한숨을 쉬며 내가 얘기했다.
"괜찮아~ 여유 있었어~"

어기 형은 정말 아무 일도 없었다는 듯이 대꾸를 했다. 칭기즈 칸의 후예는 뭔가 달라도 정말 달랐다. 상황판단력, 운동신경, 순발력, 그런 것과는 차원이 다른 '촉'을 가진 것이 분명했다.

또 특이한 것은 바로 기념품들이다. 낙타인형, 모자, 조끼, 지갑 등 어디서나 쉽게 몽골의 기념품들을 찾아볼 수 있다. 그러나 놀라운 점은 이 저렴한 기념품들이 최고급 원단으로 만들어졌다는 사실이다. 소가죽, 낙타가죽, 캐시미어 등 한국에서는 비싸서 고급제품에만 쓰이는 원단이 여기서는 몇천 원짜리 제품의 재료로 쓰인다. 워낙 가죽이 넘쳐나다 보니 다른 곳에서 인조가죽을 수입해 오는 것이 더 비싸단다. 정말 신기하지 않을 수 없다.

인연 그리고 이별

낮에 시내구경을 하고 돌아오면 저녁에는 어김없이 형들이 우리를 데리고 밖으로 나갔다. '허럭' 이라는 돌을 달궈서 고기를 익히는 몽골식 양고기 요리, '스누커' 라고 하는 몽골식 포켓볼, 대형철판에 말고기와 밥을 볶아 주는 몽골식 볶음밥 등 몽골 것을 죄다 경험하게 해 주었다.

이렇게 새로운 인연을 맺고, 새로운 것을 보고, 새로운 것을 듣고, 새로운 것을 맛보다니. 내 몸은 지금 호사중이다. 자전거를 타며 낮에 아무리 땀범벅이 돼도, 밤에 아무리 추위에 떨며 잠을 자도 지금 내 몸은 행복했다. 그러나 아쉬워도 이제 이곳을 떠나야 할 시간이다. 이별이 있어야 새로운 만남도 있겠지. 다시 짐을 꾸려 러시아 국경을 향해 출발했다.

시베리아는 시베리아다

중국, 몽골을 거쳐 러시아에 도착했다. 처음 여객선을 타고 중국 탕구 항에 도착했을 때는 조금 쌀쌀했고, 몽골을 거쳐 여기 러시아 동부까지는 가끔 폭설이 내리기도 했으나 그런대로 달릴 만한 날씨였다. 하지만 시베리아는 달랐다. 5월임에도 거위털 점퍼를 입고 다녀야 할 정도로 추위가 뼛속까지 파고들었다.

아침에 텐트 안에서 눈을 뜨면 밤새 뿜어댄 입김으로 침낭에 얼음이 붙어 있다. 두꺼운 양말을 신고, 속바지와 온갖 옷을 다 껴입어도 춥다. 짐을 챙기고 자전거에 올라 오늘의 목표지점을 향해 힘차게

페달을 밟는다. 한참 달리다보면 겹겹으로 껴입은 몸에서 서서히 열기가 올라오기 시작한다. 그리고 조금 더 시간이 지나면 속옷이 축축해질 정도로 땀이 난다. 뇌에서 잠시 쉬었다 가라고 신호를 보내 페달질을 멈추고 서서히 브레이크를 잡는다. 그리고는 꽁꽁 얼어붙은 물병을 꺼내 옷 속으로 넣어 얼음을 녹인다. 별로 목마르지도 않기 때문에 잠깐의 고통만 참으면 원하는 만큼의 물을 마실 수 있다. '잠시 앉았다 갈까' 라는 생각을 하는 순간 또다시 추위가 느껴진다. 달려야 몸이 따뜻해지기 때문에 바로 자전거에 오른다. 시베리아는 시베리아다.

제발… 제발…

러시아에 진입하자 몽골에서는 볼 수 없었던 산이 등장했다. 그래도 사막길을 달리는 것보다 아스팔트가 깔려 있는 산을 오르는 게 훨씬 수월했다. 기나긴 오르막의 정상에 도착하자 반대편에는 시원한 내리막길이 우리를 반겼다. 나는 그 기쁨을 숨기지 못하고 형을 앞질러 먼저 출발했다. 내리막을 내려올수록 자전거에 속도가 붙는다. 핸들에 부착된 속도계는 브레이크를 잡지 못하게끔 한다. 40km/h… 41km/h… 42km/h… 속도가 올라가는 것을 보고 있으면 희열이 느껴지기 때문이다. 위험하다는 것을 알면서도 말이다.

평소에는 앞에 가는 사람이 가끔 뒤를 돌아보며 뒷사람이 잘 따라오고 있는지 확인하지만 시속 40km가 넘는 상황에서는 뒤를 돌아볼 수가 없다. 이번에도 '형이 잘 따라오고 있겠지' 생각하고 자전거가 스스로 멈출 때까지 내려왔다. 캬~ 오랜만에 느껴보는 이 상쾌함.

내리막길을 내려오는 형의 모습을 촬영하기 위해 카메라를 꺼내 셔터 누를 준비를 마쳤다. 1분… 2분… 3분… 시간이 지나도 형의 모습이 보이지 않았다. 5분이 넘어가자 뭔가 잘못 됐음을 직감했다. 자전거를 타고 왔던 길로 다시 올라가기 시작했다. 그리고 속으로 계속 기도를 했다.

"제발… 제발… 다치지만 않았기를… 그냥 자전거가 고장나서 내려오지 못하는 것이기를…."

같은 기도를 반복하며 꼬불꼬불 산길을 올라 한 모퉁이를 지나자 바닥에 누워 있는 형의 모습이 보였다. 자전거와 짐은 사방에 내동댕이쳐져 있고 아스팔트는 피로 얼룩져 있었다. 달려가 형의 상태부터 확인했다. 이마에는 주먹만한 혹이 생기고, 한쪽 다리에서는 피가 철철 흐르는데 형이 팔꿈치를 움켜쥐고 있는 것으로 봐서는 그쪽을 가장 심하게 다친 것 같았다.

상처의 상태를 확인하기 위해 움켜쥐고 있던 손을 떼자 피가 콸콸 뿜어져 나왔다. 이건 빨간약이나 대일밴드로 치료할 수 있는 상처가 아니었다. 우선 가지고 있던 거즈와 붕대로 지혈을 하려고 했으나 전혀 도움이 되지 않았다. 어디에든 도움을 요청하기 위해 휴대전화를 꺼냈으나 깊은 산속이라 신호가 전혀 잡히지 않았다. 시골길이라

차가 지나갈 때까지 마냥 기다리고 있을 수도 없었다.

그래서 나는 휴대전화가 터지는 곳까지 내려가서 119에 신고하는 방법, 지나가는 차량을 발견하면 도움을 요청하는 방법, 인근 마을로 가서 경찰이나 병원을 찾아가는 방법, 이렇게 세 가지 시나리오를 생각하며 무작정 달리기 시작했다. 아무리 달려도 지나가는 차량은 단 한 대도 없었다. 산속에 혼자 남겨 둔 형의 상태가 악화되어 혹시라도 무슨 일이 생기면 어떡하나 겁이 났다.

100m 달리기를 하듯 페달을 밟아 산속을 벗어나자 휴대전화 신호가 잡혔다. 119에 전화를 하려는 순간 '병원 1.5km 전방' 이라는 이정표가 멀리 눈에 들어왔다. 119에 전화를 해서 영어를 할 줄 아는 사람을 찾고, 그 사람에게 현재 상황과 내 위치를 설명하여 구급차를 부르는 것보다 그냥 1.5km를 달려가서 도움을 요청하는 것이 나을 듯싶었다.

또다시 달려 도착한 곳은 우리가 흔히 상상하는 그런 병원이 아니라 6,70년대에나 존재했을 법한 동네 보건소였다. 그래도 건물 밖에 구급차가 세워져 있어 일단 다행이었다. 건물 안으로 들어가 처음 보이는 간호사를 붙잡고 상황을 설명했다. 그 간호사는 영어를 전혀 할 줄 몰랐지만 내 목소리의 다급함이 대략 어떤 상황인지 대변을 해준 것 같았다. 간호사는 안으로 들어가 때마침 병원에 놀러온 영어선생님과 의사선생님 그리고 구급차 운전수를 불러왔다. 구급차를 타고 가는 동안에도 쿵쾅거리는 내 심장 소리는 멈추질 않았다.

"차라리 내가 대신 다쳤으면 좋았을걸. 형이 과다출혈로 의식을 잃었으면 어떡하지?"

갑자기 에베레스트를 등반하다 동료를 잃은 엄홍길 대장까지 생각났다. 무서웠다. 겁났다. "제발… 제발…" 속으로 계속 기도를 했다. 현장에 도착하여 차에서 내리자 형이 웃으며 얘기했다.
"팔 조금 찢어진 걸 갖고 몇 명을 데리고 온 거야~ 창피하게~"

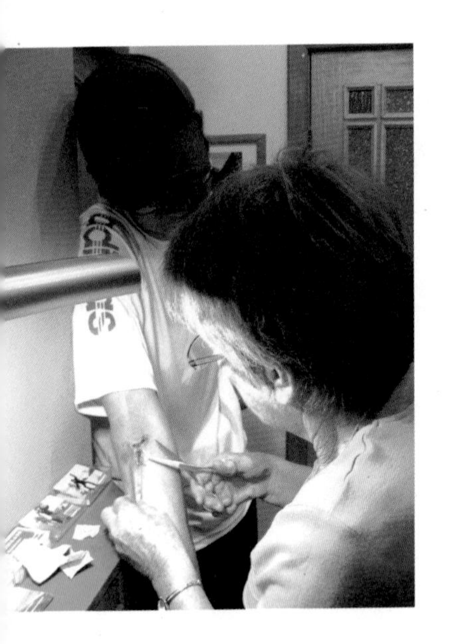

그 말을 듣자 안도의 한숨이 나왔다. 온 세상이 하얗게 보이던 것이 조금씩 정상으로 돌아오기 시작했다. 그리고 아까 기도를 했던 모든 신들에게 말했다.

"감사합니다.
감사합니다.
정말 다행입니다."

지옥과 천국을 오간다는 느낌이 이런 것일까. 이토록 크게 겁을 먹고 또 이토록 크게 안도의 한숨을 쉬었던 건 태어나 처음이었다. 형은 결국 병원으로 후송되어 일곱 바늘을 꿰매고 며칠 휴식을 취한 뒤 상처가 아물기도 전에 다시 페달을 밟았다. 정말 대단한 사람이다.

시베리아의 진주

러시아에서는 동서를 연결하는 시베리아 횡단열차의 경로를 따라 달려야 한다. 쉽게 말해 2,000km를 오로지 직진만 하면 된다. 그 길에 말로만 듣던 '바이칼 호수' 가 그 웅장한 모습을 드러냈다.

동부 시베리아에 위치한 길이가 600km가 넘는 거대한 호수. '시베리아의 진주' 로 불리는 이 호수는 지구 지표수의 5분의 1이나 되는 물을 담고 있으며, 11월 중순부터 얼어붙기 시작해 12월이면 호수 전체가 얼어 버린다고 한다. 또한 1월 말에 이르면 얼음 두께가 1m가 넘어, 호수 위에 교통 표지판이 세워지고 10톤 화물트럭이 통과할 수 있는 빙상 육로가 만들어진다고 한다.

우리가 도착한 5월에도 호수 주변은 꽁꽁 얼어붙어 있어, 얼음을 뚫어 낚시를 즐기는 사람들이 있었다. '이르쿠츠크' 에 숙소를 잡고 차량을 이용해 호수 서부에 위치한 '알혼섬' 을 찾아갔다. 겨울철에는 차로, 여름철에는 배로 그리고 얼음이 녹기 시작하는 시점부터는 공기부양정을 이용해 섬으로 들어갈 수 있는데, 우리가 도착한 시점에는 얼음을 깨면서 배로 이동하고 있었다.

바이칼은 워낙 거대한 호수여서 바라보는 위치에 따라 풍경이 매우

다르다. 섬 안에서도 서쪽에서는 반대편에 보이는 산과 어우러진 진푸빛 호수 그리고 동쪽에서는 거센 바람이 부는 바다와 같은 짙은 색의 호수를 볼 수 있다. 이 거대하고 아름다운 호수를 말로 표현하기란 정말 힘들다. 내 머릿속에 있는 형용사를 모두 동원해도 이 호수의 색깔과 주변의 경치를 묘사하기에는 역부족이다. 카메라도 이 아름다움을 담기에는 역시 부족하지만 나보다는 객관적인 것 같다.

비나이다

러시아 동부에서는 샤머니즘의 흔적을 쉽게 찾아볼 수 있다. 처음 몽골에서 국경을 넘어왔을 때 도로 위에 동전들이 떨어져 있어 신나게 주웠다. 하지만 나중에 알고 보니 그 길을 지나는 사람들이 무사히 목적지까지 갈 수 있게 기도하며 던진 것들이었다.

그리고 곳곳에 가지각색의 천을 묶어 놓은 나무들이 있는데, 이는 옛날 말을 타고 다니던 시절 말을 묶어 두던 나무기둥에 자신이나 가족의 안녕을 기원하며 입고 있던 옷의 일부를 찢어 그 기둥에 묶어 두고 길을 나섰던 것에서 유래되었단다.

돌탑은 굳이 설명을 듣지 않아도 알 수 있다. 동행한 서양 친구들은 나무기둥보다 돌탑을 더 신기해 했다. 그래서 그 과정도 보여 줄 겸 우리는 종이에 각자의 소망을 적어 땅에 묻고 그 위에 돌탑을 쌓으며 기도했다. 샤머니즘. 낯설기도 하면서 친숙하게 느껴졌다.

험비같이 생긴 러시아 4WD. 러시아에서 흔히 볼 수 있는 4륜구동 차량이다. 한국에 포터 화물차가 있다면 러시아에는 이 4WD가 있다. 이 녀석의 승차감은 그리 좋지 않지만 끔찍한 외관과는 달리 오프로드에서 발휘하는 성능은 상상 이상이다. 마치 포클레인에 자동차 지붕을 씌워 놓은 느낌이라고나 할까. 한국에 가져가 캠핑카로 개조해서 타면 제격일 것 같다.

'Tour Bike'

우리 여행의 로고.
처음 로고를 정할 때 Bike Tour와 Tour Bike 중
어느 것으로 할지 고민하다 후자를 선택했다.
투어링용 자전거와 장비를 구하기가 힘든 국내 사정
이 조금 나아지길 바라는 마음에서 내린 결정이다.
이 로고를 볼 때마다 여행 준비를 하던 그 시점의
설렘을 느끼곤 했다.

운전과 가이드를 동시에 하며
힘겨워하던 아저씨가 이제는
요리까지 하고 나섰다.
트렁크에서 저 탐나는 솥을 꺼내더니
호수에서 잡은 생선으로 즉석에서
국을 끓여 주셨다.
알레르기 때문에 먹지는 못했지만
형 말에 의하면 '오물' 이라고 하는
이 생선국은 비린내도 나지 않고
아주 맛있단다.

지금 농담할 때가 아니야

대형 여객선으로 얼음을 깨며 알혼섬에 들어갔던 우리는 3일째 되던 날 다시 떠날 채비를 했다. 배를 타고 들어온 경로대로 다시 나가려고 했으나 얼음이 바람을 타고 떠내려와 뱃길이 뚫릴 때까지 무작정 기다려야 했다. 라면도 끓여 먹고 해변에 누워 낮잠도 자고 일어났으나 얼음은 선착장으로 계속 밀려올 뿐 뱃길이 뚫릴 기세는 보이지 않았다.

결국 다른 곳으로 이동해 작은 보트를 타고 나가기로 했다. 처음에는 좋아했는데 왜 처음부터 보트를 이용하지 않고 기다리게 했는지

나중에 알게 됐다. 물이 새는 보트였던 것이다.
가이드는 보트에 올라서는 우리 손에 양동이를 하나씩 쥐어 주며 서툰 영어로 말했다.
"You water out, okay?"
굳이 부연설명을 하지 않아도 우리에게 주어진 임무를 알 수 있었다. 여행객들은 타지에 와서 구경만 하고 다니다 오랜만에 주어진 역할에 신이 난 듯 밝은 얼굴로 보트에 올랐다.
반대쪽 선착장까지 절반 정도 왔을까, 사람들의 표정이 어두워지기 시작했다. 보트는 이미 반쯤 물에 잠겨 속도가 눈에 띌 정도로 줄어들었다. 처음에는 신발이 물에 젖지는 않을까 다리를 바깥쪽으로 들고 있던 여행객들이 이제는 두 다리를 보트 바닥에 고정시키고 젖먹던 힘까지 동원해 물을 퍼내기 시작했다.

"와우! 타이타닉!"
이 상황이 너무 어이가 없었는지 한 여행객이 농담을 던졌다.
그러자 옆에 있던 아주머니가 화를 냈다.
"이 상황이 웃겨요? 농담할 시간에 물이나 더 퍼내요!"
이럴 때 어떤 반응을 보여야 할까 고심하는 순간, 가이드와 눈이 마주쳤다. 웃으면서 이 상황을 즐기고 있을 것 같던 그의 눈에 근심이 가득해 보였다. 그때 나는 직감했다.
"아, 농담할 때가 아니구나."
반을 건너는 데 5분도 채 걸리지 않았는데 15분이나 더 가서야 선착장에 도착했다. 무사히 도착했다고 표현하기도 애매한 그런 모습으로 우리는 서로 바라보며 헤어졌다.

КРАСНОЯРСК
АНГАРСК 28

어릴 적 꿈, 외교관

점심을 해결하기 위해 카페에 들렀다. 자전거에서 내리자 군복과 경찰복을 입은 친구들이 다가왔다. 그 순간 한국 여행사에서 들은 얘기가 떠올랐다.

"러시아 경찰들은 돈 뜯어내는 데 귀신입니다. 조심하십시오."

러시아 경찰 중에는 관광객을 돈벌이 수단으로 생각하는 이들이 많다는 것이다. 러시아에 머물기 위해서는 비자 외에도 거주등록증이 필요하다. 이 서류는 관광객이 언제 어디에서 머물고 어디로 이동하는지 파악하기 위한 것이다. 그런데 이 서류를 트집잡아 돈을 뜯어내거나 유치장에 24시간 구금하는 경우도 비일비재하다고 하니 경찰과 군인들에게 경계심이 생기지 않을 수 없었다.

이런 상황에 대비해 세워 둔 두 가지 전략이 있다.

첫째는 여행객들에게 돈을 뜯어내는 것이 목적인 경찰 앞에서는 바보 여행객인 척하는 것이다. 그쪽에서 뭐라고 하든 영어도 모르고, 러시아어도 모르고, 상황판단력이 전혀 없는 척하는 것이다. 가령 경찰이 "Money! Money!"라고 해도 "엉? 뭐? 모르겠어. 헤헤…" 하며 상대방이 지쳐서 보내 주게 유도하는 방법이다.

둘째는 스포츠나 우리 여행에 조금이라도 관심을 보이는 경찰이라면 무조건 친한 척하는 것이다. 가령 '경찰복이 참 멋있다' 거나 '잘

생겼다' 고 하며 기분 좋게 만든 다음 지도를 꺼내 우리 여행 루트를 알려주며 흥미를 유발시키는 방법이다.

이번에는 여권부터 보여 달라는 말을 하지 않고 이것저것 물어보기 시작했기 때문에 두 번째 방법을 택하기로 했다. 결과는? 빙고! 지도를 이용한 흥미 유발에 성공한 것이다. 그들은 우리에게 점심을 사 주겠다며 카페 안으로 안내했다. 그리고 평소 비싸서 사 먹지 못한 고기를 시켜주며 이것저것 물어보았다. 급격히 친해져 서로 악수하고 하이파이브를 날리며 놀던 중 경찰 한 명이 진짜 존경한다며 무사히 여행을 마치라고 100루블짜리 지폐 한 장을 건네는 게 아닌가!

돈 잘 뜯어내기로 유명한 러시아 경찰한테 격려금을 받은 여행객은 기네스북 감이 아닐까 싶다. 그런데 이번에는 군인 녀석이 군복에 붙어 있는 부대 마크를 칼로 뜯기 시작하더니 "이걸 가지고 있으면 러시아에서는 무조건 통과!" 하며 내밀었다. 그 마음이 너무 고마워서 내 옷에 달려 있던 태극기를 떼어 선물로 주었다. 이런 게 바로 진정한 민간외교가 아닐까.

러시안 카페

식사가 가능한 러시아의 '카페'는 한국같이 단순한 식당이 아니다. 이름 자체부터 다르듯이 식사도 하고 차도 마시면서 서로 교제하는 곳이다. 현지인들과의 교제는 이 '카페'에서 많이 이루어진다. 이번에 만난 중년 아저씨들은 '우솔례시비르스코예'라는 곳에서 소금을 생산하고 있는 분들이다.

처음에는 소금을 생산한다기에 내륙의 염전은 어떻게 생겼을까 생각했지만, 그들은 지하 속에 묻혀 있는 광산에서 소금 캐내는 일을 하고 있었다. 러시아 소금 생산량의 상당부분을 차지하고 있는 우솔례시비르스코예에서는 외부인의 통제가 엄격해 실제로 지하까지 구경하지는 못했다. 사진 뒤편으로 보이는 것이 지상의 공장이다.

난감한 우연의 일치

카페에서 만난 러시아 친구가 보드카 한 잔을 권했다. 우리는 자전거를 타야 하기 때문에 술은 마시지 못한다고 하자, 서운한 눈빛으로 숙소를 잡아줄 테니 한 잔 하며 여행 이야기를 들려달라고 부탁했다. 우리는 속으로 '자전거를 타기 위해 여행을 떠난 것은 아니지' 하며 그렇게 하기로 했다.

우리는 여행을 하며 겪은 에피소드를, 그 친구는 러시아 문화에 대해 얘기하며 술자리를 이어갔다. 우리 이야기가 흥미로웠는지 나중에는 여자친구까지 합석했다. 그리고 약속대로 근처에 숙소를 잡아주면서 다음날 여자친구 아버지께 부탁드릴 테니 그 차를 타고 와서 아침식사를 같이 하자는 말을 남기고 문을 나섰다.

오랜만에 술을 마셨더니 아침에 머리가 아팠다. 재빨리 샤워를 마치고 짐을 챙기고 있는데 누군가 방문을 두드렸다.

"어제 그 친구 여자친구의 아버지인가봐."
방문을 열자 예상대로 중년 남성이 문 앞에 서 있었다. 우리는 반갑게 인사를 건네고 어제 찍은 사진을 보여 주며 그 친구의 여자친구를 가리켰다. 그는 고개를 끄덕이며 러시아어로 뭔가 우리에게 열심히 설명을 했다. 무슨 말인지 도통 알아듣지 못했지만 우리는 밝은 미소를 유지하며 그가 하는 이야기를 듣고 있었다. 그러다 우리가 아는 단어가 나왔다. "언제?" 반가운 마음에 우리는 "지금이요!"라고 외쳤다.

그러자 무슨 영문인지 그는 잠시만 기다리라는 말을 남기고 어디론가 사라졌다가 10분 후 다시 노크를 했다. 문을 열자 아뿔싸, 그 남성이 낯선 여자 둘을 데리고 서 있는 것이 아닌가! 표정과 의상을 보니 오해가 생긴 것이었다.

잠시 후 다른 남성이 등장했다. 이번에는 우리가 진짜 기다리던 그 친구 여자친구의 아버지였다. 그분은 난감한 상황에 놓여 있는 우리를 보며 한참 웃더니 몇 마디로 문제를 해결해 주었다.

상황을 정리해 보면 대략 이랬다. 외국인이 숙소에 머물고 있다는 이야기를 들은 포주는 우리 방문을 두드렸고 동양인 두 명이 나와 환한 미소로 인사를 했다. 그리고 디카를 가져와 여자 사진을 보여 주며 "언제 데리고 올까"라는 질문에 "지금이요!"라고 대답했다. 그 포주 입장에서 보더라도 충분히 오해를 할 만도 하지. 세상에 이런 우연의 일치도 있구나!

선입견이 무서운 거지

훌리건을 조심하라는 얘기를 정말 많이 들었다. 그렇다고 여행을 멈출 수도 없는 일. "다 사람 사는 곳인데 괜찮을 거야" 하며 스스로 안심을 시키던 찰나에 발견한 총탄 자국들.

"밤에는 돌아다니지 마세요."

"훌리건들 정말 조심해야 해요."

"바르나울이라는 도시에서는 한국 사람이 폭행당해 죽기도 했어요."

"그쪽으로는 절대 가지 마세요."

만나는 사람마다 비슷한 조언을 했다. "훌리건을 조심해라."

중국에서는 몽골 사람들이 공격적이니 조심하라고 했는데, 정작 몽골에서는 오히려 러시아 사람들을 조심하라는 얘기를 계속 들었다.

그러나 지금까지 거쳐온 곳에서 우리를 위협하거나 공격적인 태도를 보인 사람은 단 한 명도 없었다. 하지만 러시아 사람들도 조심하라고 하는 걸 보니 훌리건들은 정말 다르긴 다른 모양이었다.

그래서 지도를 펼쳐봤는데 훌리건들의 밀집지역이라고 하는 '바르나울' 이 우리 예정 코스에 떡하니 자리 잡고 있는 게 아닌가!
"형~ 어떻게 할까요?"
"돌아갈 수 있는 길도 없는데 정말 어떻게 하지?"
"그럼 도시에서는 멈추지 말고 후딱 관통해 버리죠?"
"그러자."
잔뜩 겁을 먹어서일까? 도시에 진입하자 음산한 기운까지 느껴졌다. 아직 해가 중천에 떠 있는데도 길거리에는 맥주병을 들고 돌아다니는 젊은이들이 꽤 눈에 띄었다. 건물 색깔들도 약간 칙칙한 것이 확실히 다른 도시와는 분위기가 조금 다른 것 같았다.

"인범아~ 너무 두리번거리지 마~"
"네, 앞만 보고 달릴게요."

자칫 오해를 살 수도 있기 때문에 사람들과 눈도 마주치지 말자는 것이 형의 전략이었다. 그렇게 유령처럼 도시를 빠져나오고 있는데 건너편에 세워져 있던 차에서 우리를 불렀다.

"어이!"
"형~ 저기서 우리 불러요~"

"무시해."
"무시했다고 쫓아와서 총 쏘고 가면 어떡해요?"

앞서가던 형이 브레이크를 잡고 자전거를 세웠다. 나도 자전거에서 내리자 건너편 차량에서 세 명의 건장한 청년들이 밖으로 나왔다. 인상으로 보나 덩치로 보나 틀림없는 훌리건들이었다. 상태를 보니 차안에서 마리화나를 피운 것 같았다. 그러나 여기서 절대 움츠러들면 안 된다. 그렇다고 건방져 보여서도 안 된다. 최대한 자연스럽게, 그리고 친근하게. 마치 너희 같은 훌리건들은 많이 만나봤다는 인상을 풍겨야 한다.

이런 생각들이 형과 통했던 걸까? 형은 큰 소리로 인사를 하며 악수를 먼저 건넸다. 그 모습이 얼마나 자연스러운지 모르는 사람이 보면 마치 오랜만에 고등학교 동창을 만난 것으로 오해를 할 수준이었다. 우리 여행 루트를 알려주자 덩치가 가장 큰 녀석이 자전거 트레일러에 실려 있는 가방을 들어보고는 살짝 비웃는 말투로 한 마디 했다.
"너희는 삐쩍 말랐는데 저 무거운 걸 끌고 포르투갈까지 갈 수 있겠어?"
여기서 밀리면 안 된다. 반바지를 살짝 걷어올리고 양쪽 허벅지를 보여 주며 대답했다.
"No Problem! 문제 없어!"
내 허벅지로 말할 것 같으면 그동안 엄청난 무게의 짐을 끌고 오면서 근육이 터질 지경에 이르렀다. 나도 한 번씩 보고 깜짝깜짝 놀랄 정도이니 분명 훌리건들한테도 먹힐 것이다.
아니나 다를까, 그 녀석은 내 허벅지 한쪽을 만져보더니 흠칫 놀라

는 눈치였다. 그런데 갑자기 옆에 있는 화단으로 들어가더니 벽돌 하나를 손에 쥐고 오는 게 아닌가!

"형! 제가 잘못한 걸까요?"
"뭐야, 저 녀석 뭐 하려는 거야?"

다행히도 우리의 우려와는 달리 그 벽돌을 내 허벅지 옆에 갖다 대고는 "same same"이라고 귀엽게 말하는 게 아닌가. 훌리건한테도 이렇게 귀여운 구석이 있다니 놀랍지 않을 수 없었다. 그 광경이 어찌나 웃기던지 우리는 다같이 한참 웃어댔다. 지금의 분위기, 우리가 바로 노리던 것이었다. '자연스럽고 친근하게….'
이렇게 분위기가 무르익자 한 명이 차에서 맥주를 들고 나왔다. 또 한 번 국경의 벽이 허물어지는 순간이었다. 러시아 도로변에서 훌리건들과 맥주를 한잔 하며 생각했다.
'역시 선입견이 무서운 것이지 사람 사는 곳은 다 비슷하구나.'

어디에 텐트를 쳐야 할까

몽골에서는 잠자리 찾기가 무척 쉬웠다. 사막엔 모래 밖에 없고 지나다니는 사람들도 없어 텐트를 그냥 휙 던지면 그곳이 잠자리가 됐다. 하지만 러시아에서는 상황이 조금 달랐다. 아무 이유 없이 뒤에서 총을 쏘고 도망간다는 훌리건들의 눈에 띄지 않는 곳, 사람의 살을 파고드는 벌레가 없는 곳 등 잠자리를 찾을 때 고려해야 할 점들이 많았다.

텐트 치고 자야 할 시간이 지났는데도 마땅한 잠자리가 나타나지 않을 때는 도로 바로 밑 하수구 입구에서 자야 하는 경우도 있었다.

자작나무 숲

언덕 능선을 따라 도로를 낸 러시아에서는 오르락내리락을 계속 반복해야만 한다. 심한 구간은 산도 아닌데 몇십 킬로미터를 올라가야 하는 경우도 있다. 하지만 이럴 때마다 위로가 되는 건 역시 자연경관이다.

러시아의 곧게 뻗은 자작나무 숲은 정말 아름답다. 자작나무의 초록 잎과 흰색 줄기, 파란 하늘 그리고 바닥의 잔디가 어우러진 경치는 그간의 피로를 풀어주기에 충분했다.

강

자연경관 하면 물줄기 하나 정도는 있어야 제대로 완성된다.

보기에 좋을 뿐만 아니라 강에서 밥물을 구할 수도 있고,

땀에 절어 있는 몸을 씻을 수도 있기 때문에

잠자리를 찾을 때 물 흐르는 소리가 들려오면 발길이 가벼워진다.

오늘은 너무 추워서 간단하게 머리만 감기로 결정!

금발의 여인이 되자

언젠가 신촌에서 금발의 여인이 다가와 능숙한 한국 발음으로 나에게 물어본 적이 있다.

"470번 버스 어디서 타요?"

노란 머리카락과 파란 눈동자를 보면 틀림없는 외국인이었다. 그러나 그녀의 입에서 예상치 못한 한국말이 나왔을 때 나는 순간 고민에 빠졌었다. 영어로 대답해야 하나, 한국말로 해야 하나. 확실한 것은 한 가지. 최선을 다해 알려줘야겠다는 생각.

여행을 하는 동안 나도 금발의 여인이 되기로 했다. 처음에는 국경을 건너자마자 가장 먼저 배운 것은 '안녕하세요, 감사합니다, 물, 식당' 등이었다. 그러나 시간이 지나자 이런 기초적인 단어들은 몸짓으로도 충분히 전달이 가능하다는 것을 깨달았다.

러시아에 들어서서는 조금 더 요령이 생겼다. 현지인들이 처음 하는 질문의 패턴을 터득한 것이다. 1순위는 "어디 사람이에요?" 2순위는 "우리말 할 줄 알아요?" 그리고 3순위부터는 조금씩 달라진다. "어디로 가세요?" "어디서 자요?" 등이다. '물' '식당' 등은 이러한 그들의 궁금증을 풀어준 다음에 꺼내야 친절한 안내도 받을 수 있다.

러시아의 예를 들어보자. 현지인이 다가온다. 질문은 들을 필요도 없다. 첫 질문에는 무조건 "카레이한국." 그리고 이어지는 질문에는 "파 루스키 니파니마요. 러시아어 할 줄 몰라요"라고 대답하면 된다. 러시아에 머물렀던 45일 동안 이 두 질문에 대한 답을 수백 번은 한지라 때로는 사람들의 오해를 사기도 했다.
"러시아어 할 줄 알면서 왜 못한다고 하는 거야?"
나중에는 이 질문이 3순위로 거의 고정돼 버렸다.
우리 예상과는 달리 의외로 어디서 자는지 궁금해 하는 사람들이 많았다. 그래서 이 질문에 대한 대답도 준비했다.
"우미냐 예스츠 파라카. 나에게는 텐트가 있어요."

나중에 알게 된 사실이지만 이 질문을 했던 사람들은 우리가 어디서 자는지가 궁금했던 것이 아니라 하룻밤 재워 주고 싶어서 물어보는 것이었다. 그후에 누가 또 물어보면 "텐트는 있는데 너무 춥네요" 정도로 답변을 바꿨다. 이 작전은 적중했고, 집으로 초대받는 횟수가 늘어났다.

Why?

비가 억수같이 쏟아지는 날, 몸을 녹이기 위해 카페에 들렀다. 푸근해 보이는 아주머니가 우리에게 러시아어로 질문을 했다. 보통 사람들이 우리에게 하는 질문이 아니었다. 처음 들어보는 러시아어였다. 보통은 우리가 알아듣지 못하면 다른 주제로 넘어가곤 하는데 이 아주머니는 대답을 꼭 들어야겠다는 듯 집요하게 같은 질문을 반복했다.

우리는 결국 가방에서 사전을 꺼내왔다. 아주머니는 밝은 표정으로 책장을 한참 넘기시더니 손가락으로 단어 하나를 가리켰다. 그 손가락 끝에 'Why' 가 적혀 있었다. "Why? 왜? 뭐가 왜지?" 몇 차례 더 보디랭귀지를 하고 나서야 '왜 이런 여행을 하느냐' 는 뜻의 'why' 라는 사실을 알게 되었다. 나는 주저하지 않고 사전에서 '행복' 이라는 단어를 찾아 보여 줬다. 그러자 아주머니는 이렇게 다 젖고 추위에 떠는데 뭐가 행복하다는 건지 이해가 가지 않는다고 했다.

저녁에 텐트에 누웠는데 도통 잠이 오지 않았다. 그날 카페에서 아주머니가 했던 질문이 머릿속에서 계속 맴돌았다. 생각해 보니 온몸이 젖어 춥고 여기저기가 욱신거리는데 뭐가 그리 마냥 좋은 걸까. 왜…?

제대로 알리기

길을 물어보기 위해 지나가는 차를 향해 손을 흔들었더니 멈춰섰다. 그런데 차에 타고 있던 사람들이 대뜸 TV에서 우리를 봤다며 반갑다는 인사를 건네는 것이 아닌가!
"설마, 우리 아니겠지~" 하며 식당에 들어갔는데 또 우리를 봤다는 사람들을 만났다. 몰래 찍은 영상이 방송된 것 같다.

하지만 방송에서는 우리를 일본인으로 소개했는지 모두 그렇게 알고 있어 며칠간 계속 찝찝한 기분이 들었다. 그러다 러시아를 떠나기 전 '룹촙스크'에서 정식으로 인터뷰 요청이 들어왔다. 잘못된 정보는 바로 잡아야 하기에 인터뷰에 성심성의껏 응했다.

방송을 직접 보지는 못했지만 태극기가 잘 나오게 비치하고 '한국인'이라는 사실을 매우 강조했기 때문에 대한민국 홍보는 확실히 하지 않았나 싶다.

유라시아자전거지어도

요즘은 내비게이션만 있으면 초행길도 아무 걱정 없이 찾아가는 시대지만 우리는 지도를 보고 다니기로 했다. 새로운 장소를 찾아가는 것과 기계가 알려주는 길을 따라가는 것은 큰 차이가 있기 때문이다.

내비게이션 없이 길을 찾아가면 그 길에 있는 사소한 것들까지 기억에 남는다. 눈앞에 계속 나타나는 이정표를 보며 자연스럽게 주변에 무엇이 있는지 알게 된다. 모퉁이에 있는 깜찍한 집이라든지 저 멀리 보이는 목장의 풍경은 내비게이션을 따라갈 때는 보이지 않는 것들이다.

이렇게 우리가 가는 곳의 모든 것을 만끽하기 위해 지도를 준비했다. 인터넷을 통해 지도를 하나하나 다운받아 그것을 책자로 만들었다. 척도도 다 다르고 등고선이 표시되어 있지 않아 당황스러운 적도 있었지만 지도는 생각했던 것보다 훨씬 더 많은 것들을 선물해 주었다. 이정표를 읽기 위해 여러 국가의 글자를 알게 되었고, 길을 묻기 위해 들른 곳에서 소중한 인연을 만나기도 했다. 길을 잘못 들었다가 복분자 넝쿨을 발견하여 배를 채우기도 하고, 되돌아가는 길에 갈 때는 보지 못했던 멋진 잠자리를 발견하기도 했다. 길을 잃는 것도 여행의 일부가 되어 우리 여행은 더욱 더 풍성해졌다. 한 가지 단점이 있다면 종이 지도가 젖으면 텐트 안에서 말려야 하는 불상사가 발생하기도 한다는 것이다.

나의 고향 대한민국

여행 준비를 하면서 "과연 다른 나라들은 어떤 모습일까?" 하며 혼자 이런저런 상상을 많이 했다. 그러나 이렇게 직접 와서 보고 듣고 해 보니 단순히 다른 나라의 모습만 보는 것이 아니라 이를 통해 우리나라를 재발견하게 되는 경우가 많다. 집에서 반찬투정을 하다 친구 어머니의 음식을 먹어보고는 어머니의 음식 솜씨가 얼마나 뛰어난지 새삼 깨닫게 되는 것처럼 말이다.

우선 남한이라는 땅이 결코 좁은 면적이 아니다. 몽골은 남한의 27배나 되지만 인구는 300만 명에 불과하다. 게다가 전체 인구 35% 정도가 수도 울란바토르에 밀집해 있어 사람의 손길이 닿지 않는 버려진 땅이 많다.

그에 비해 한국은 여기저기 도시와 마을이 있고 어디를 가나 사람을 쉽게 만날 수 있는 인간미가 넘치는 땅이다. 서울이 포화상태라

고는 하지만 솔직히 출퇴근길 지하철만 빼면 사람이 많아 크게 불편함을 느껴본 적이 별로 없다. 이것도 물론 상대적인 것이지만 중국에 가본 사람들은 서울거리가 썰렁하다고 할지도 모른다.

한 번은 러시아에서 만난 친구에게 "우리나라는 자기 집을 마련하는 것이 평생 꿈인 사람들이 많다"고 했더니 믿지 못하겠다는 눈치였다. 그 친구에게 부동산 투기 열풍과 부동산 거품에 대해 차근차근 설명해 주었다. 내 말을 진지하게 듣고 있던 그 친구가 한 마디 건넸다.
"너는 서울에서 집 살 돈으로 여기 저택을 짓고 살아라."

이 한 마디는 나에게 큰 충격으로 다가왔다. 언젠가는 집을 사야 하기에 열심히 저축을 해야겠다고 생각한 내가 초라해졌다. 기껏 해야 아파트 한 채 사고 좋아했을 것이다. 러시아에서의 대저택 대신 말이다.

남산 위에 올라가서 서울 시내를 내려다보면 온통 불빛으로 가득 차 있다. 이 광경을 보고 있으면 집장만이 꿈이라는 사람들의 말이 거짓말처럼 느껴질 정도다. 서울 시내의 수도 없이 많은 평범한 집 한 채 사는 것만 포기하면 그 대가로 많은 것을 얻을 수 있다. 그 친구의 말처럼 러시아에서는 저택을 지을 수도 있고, 서울 근교에 마당과 수영장이 있는 집에서 살 수도 있다.

세상에 땅은 많다. 죽어서 가지고 갈 수도 없는 땅과 집을 평생 일해서 사야 할 가치가 있을까. 만일 한 가지를 포기해야 한다면 원룸살이를 하더라도 좋아하는 것을 하면서 살자! 세상에 돌아다닐 곳이 얼마나 많은데!

숫자의 마법

대부분의 도로에는 주요 지점까지 남은 거리를 표시해 놓은 작은 표지판이 세워져 있다. 별 의미는 없지만 '7'이 들어간 숫자나 우리가 각자 좋아하는 숫자가 쓰여 있는 표지판을 지날 때면 기분이 좋아진다.

그러나 그보다 더 기쁜 순간은 우리가 목표했던 곳이 1km 밖에 남지 않았다는 의미의 '1'이라는 숫자를 만났을 때다. 사진 속의 '1'은 러시아에서 카자흐스탄 국경까지 남은 거리다. 지금까지 중국, 몽골, 러시아를 거치면서 세 번의 국경을 통과했지만 다음 국가로 넘어가기 전의 설렘은 말로 다 표현할 수가 없다. 다음 국가는 어떤 모습일까. 사람들의 생김새와 말투는 어떨까. 그들이 살아온 인생 이야기는 우리와 얼마나 비슷하고 또 다를까?

혼자 온갖 상상에 빠지고 또 그것이 1km만 가면 직접 확인해 볼 수 있다는 사실에 다음날 소풍을 떠나는 어린이마냥 입가에서 미소가 떠나지 않는다.

1

777

각자 스타일대로

카자흐스탄이다. 사막은 아닌데 나무를 찾아보기 힘들다. 간간이 보이는 나무 그늘은 이미 염소와 양들이 다 차지해 버렸다. 어찌 된 일인지 여기 가축들은 사람도 무서워하지 않는다. 우리도 이 녀석들처럼 그늘 밑에서 쉬고 싶은데 어쩔 수가 없다.

소리도 질러보고 자전거로 살짝 위협을 해 보기도 했지만 꿈쩍도 하지 않는다. 태어나서 동물이 부럽기는 또 처음이다. 더군다나 지금은 가장 더운 한여름이다. 한낮에는 기온이 보통 40~50도까지 올라가 자전거를 타지 않아도 땀이 비 오듯 쏟아진다. 이러다간 일사병으로 쓰러지겠다. 반바지와 반팔을 입어 보지만 한 시간도 지나지 않아 팔과 다리에 화상을 입었다.

겨울에는 긴팔, 긴바지를 입고 여름에는 반팔, 반바지를 입어야 하는 당연한 이치도 여기서는 해당사항이 없다. 어쩔까 고민하다 형과 나는 서로 다른 결론을 내렸다. 형은 긴팔에 반바지, 나는 반팔에 긴바지. 정답은 없는 것 같다. 각자의 스타일이 더 시원하다고 생각하며 달릴 수밖에….

행복하세요

이렇게 더위와 씨름하고 있는데 지나가던 차 한 대가 우리 앞에 멈춰섰다. 안에서 젊은이 몇 명이 내리더니 대뜸 볼펜과 종이를 들이밀며 사인을 해 달라고 하는 것이 아닌가. 음, 해 줘야 하나 말아야 하나, 고민하고 있는 순간 한 명이 외쳤다. "플리즈~"

오해는 나중에 풀더라도 일단 사인을 해 줘야겠다는 생각이 들었다. 그렇다고 식당 영수증에 하는 간단한 사인을 해 주면 뭔가 허전할 것 같아 한글로 '행복하세요' 라고 적었다.

종이를 다시 건네받은 친구는 마치 내가 적어 준 한글의 의미를 이해라도 한 듯 정말 행복한 표정을 지었다.

우리는 유명한 사람이 아니라고 변명을 하려는데 차에서 음료수 한 병을 꺼내 주며 감사하다는 말 한 마디를 남기고 훌쩍 떠나버렸다. 그후로도 사인을 부탁하는 사람들을 여러 차례 만났다. 알고 보니 얼마 전 자전거 국가대표선수가 국제대회에서 처음 금메달을 따 국민 영웅이 되었다고 한다. 물론 우리가 그 선수는 아니지만 덕분에 국민 영웅 대접을 받으며 연예인의 피곤한 삶을 체험했다.

아파트를 빌려다오

세메이, 카자흐스탄에 입국해서 처음으로 도시에 도착했다. 또다시 자전거를 끌고 여기저기 물으며 숙소를 구해야 했다.

숙소를 찾아다닐 때 우리가 고려하는 것이 몇 가지 있는데, 그 중 가장 중요한 두 가지는 자전거와 짐을 보관할 수 있는 공간이 있는지, 그리고 그동안 밀린 빨래를 할 수 있는 세면대 또는 욕조가 있는지다. 물론 이 두 가지 요건을 만족시키는 곳을 찾았어도 우리가 감당할 수 없는 비용이 든다거나, 흙먼지 날리고 지저분한 우리를 받아주지 않아 다른 곳을 찾아다녀야 하는 경우도 많았다.

이번에도 같은 고민을 안고 도시에 진입했다. 다행히 카자흐스탄 사람들은 카자흐스탄어와 러시아어를 하기 때문에 쉽게 물어보며 다닐 수 있었다. 러시아에서 45일이나 보냈기 때문에 이 정도의 의사소통은 가능했다. '생존을 위한 몸부림'의 결과물이라고 이해하면 될 것이다.

수소문 끝에 자전거 보관 문제와 빨래 문제를 해결할 수 있는 곳을 찾았지만 이번에는 비용이 문제였다. 하루에 1인당 평균 만 원 정도를 지출하는 우리에게 하룻밤에 15만 원이라니, 감당할 수 없어 다른 숙소를 찾기 시작했다.

그러다 친절한 한 아가씨의 도움으로 '아파트 임대'라는 제도를 알게 되었다. 카자흐스탄에서는 자신의 집을 여행객에게 일정 기간 빌려주고, 거기에 살던 가족은 근처 친지 집에서 머물며 돈을 버는 제도가 있었다. 이렇게 우리는 한 아파트를 하루에 3만 원에 빌렸다.

오, 나의 엉덩이!

처음 중국에서 자전거 페달을 밟기 시작했을 때는 저녁마다 다리며 허리며 안 아픈 곳이 없었다. 그러나 몇천 킬로미터를 달려오니 몸이 자전거 여행에 최적화되어 갔다. 하지만 아직도 주인님이 여행 중이라는 사실을 알아차리지 못한 녀석이 있다. 그 못난 녀석은 바로 '엉덩이' 다.

사이클 전문가들은 말한다.
"크고 푹신푹신한 안장은 처음에는 편하지만 속도도 나지 않을 뿐더러 장거리 주행에는 좋지 않다."

우리는 그 말을 믿고 얄쌍하고 딱딱한 안장을 택했다. 그러나 아무리 생각해 봐도 골반이 넓은 동양인에게 서양에서 개발된 그 얄쌍한 안장은 편할 수가 없다. 하루 종일 엉덩이 통증과 싸우며 신나게 페달을 밟고 잠자리에 도착하면 속으로 말한다.

"허벅지야~ 수고했어! 엉덩이야~ 언제 철들래~?"

그러나 이렇게 하루의 피로를 풀어주는 것은 멋진 자연경관이다. 산과 들판을 내 집 마당이라 생각하고 멋진 하늘을 천장으로 삼으며 잠들면 고생한 기억은 싹 사라진다. 그리고 눈을 감으며 생각한다.

"과연 내일은 얼마나 더 멋진 곳에서 잠들게 될까?"

5,000Km 돌파!

여행 준비하면서 구글어스로 측정해 본 결과 한국에서 최종목적지인 포르투갈까지는 15,000km 정도다. 자전거 앞바퀴에 연결된 작은 속도계는 친절하게도 지금까지 달려온 이동거리를 알려준다.

페달을 밟다 보니 어느새 5,000km라는 숫자가 찍혔다. 지금까지 한 것처럼 두 번만 더 하면 지구 반대편에 도달할 수 있다는 뜻이다. 그래서 우리는 자전거를 잠시 길가에 세워 두고 서로 부둥켜안으며 자축을 했다.

너희가 처음이야

자전거를 타고 다니다 보면 힘이 되는 일이 많이 생긴다. 차를 탄 사람이 클랙슨을 눌러 응원을 보내는가 하면, 물을 건네는 사람, 사인해 달라며 종이와 펜을 내미는 사람도 있다. 그 중에서도 가장 힘이 되는 사람은 정말 힘들 때 집으로 초대해 주는 사람이다.

사진에 있는 분은 체첸 태생으로 어렸을 때 카자흐스탄으로 넘어와 도로변에서 이 카페를 운영하고 있는 주인이다. 더위에 지쳐 너무 피곤한 나머지 저녁을 사 먹기로 결정하고 들렀는데, 이분이 맥주

두 병을 가져와 옆에 앉아서 이것저것 물어보았다.

이렇게 시작된 대화는 두 시간가량 이어지고 해가 저물기 시작하자 자기 집에서 자고 가라며 카페 한켠에 있는 숙소로 안내해 주었다. 짧은 러시아어로 어떻게 대화를 했는지는 지금도 의문이지만 분명한 건 그분의 기억 속에도, 우리 기억 속에도 서로 평생 남을 것이라는 사실이다.

짧은 만남이었지만 형, 동생 할 정도로 끈끈한 우정이 생겼다. 그리고 마지막으로 떠나기 전에 그분이 우리에게 들려준 말이 기억난다.

"이 도로를 거쳐간 여행객은 많지만
내 집을 거쳐간 사람은 너희가 처음이야."

그리고 혼자 착각 속에 빠진다.

"우리에겐 특별한 게 있어!"

아스하나АСХАНА

여행 초기에는 부지런히 아침을 해 먹고 다녔다. 하지만 아침에 일어나서 밥하고 설거지하고 짐을 챙겨 출발하면 섭취한 영양소보다 소비한 에너지가 더 많아 기운이 쏙 빠져 버린다. 그래서 어느 순간부터 아침에 눈뜨면 짐을 챙겨 바로 자전거에 오르고 처음으로 나오는 식당에서 아침 겸 점심을 해결하기로 했다.

아스하나는 간단한 식사와 식료품을 구할 수 있는 곳이다. 하지만 점심시간이 되도록 이런 아스하나를 발견하지 못하면 그날의 아침은 못 먹는 것이다.

오전에는 '아스하나야 나와라… 나와라…' 속으로 외치면서 자전거를 탔다. 얼마나 빨리 아스하나를 발견하느냐로 그날의 운세를 점쳐 보는 재미도 쏠쏠했다.

회색빛 마을

황무지 들판길을 달리다 보면 멀리 회색빛 마을이 보일 때가 있다. '저기까지만 도착하면 시원한 물이라도 구할 수 있겠구나' 라는 생각에 발길이 가벼워진다. 그러나 조금씩 가까이 갈수록 이상한 느낌이 든다. 마을이 아니라 이슬람식 공동묘지였던 것이다.

러시아의 묘지는 비석 하나를 세워 놓았기 때문에 눈에 잘 띄지 않지만, 카자흐스탄의 묘지는 20~30km 밖에서도 보일 정도로 크게 만들어 놓았다. 벽돌이나 진흙을 이용해 집모양의 묘지를 만들고 그 위에 이슬람교 상징인 초승달 모양의 조형물을 세워 놓았다.

Local Koreans

러시아에서부터 한국인보다 더 한국적인 외모를 가진 사람을 간간이 만날 수 있다. 이 사람들은 우리가 '고려인' 이라고 부르는 이들로, 현지에서는 'Local Koreans' 이라고 부른다.
러시아에서부터 연결되는 철길을 따라 카자흐스탄 중부로 내려오다 보면 '우스토베' 라는 마을이 있다. 이곳은 구소련 스탈린 시대에 연해주에 살던 우리 동포들이 강제 이주되어 버려진 첫 번째 지점이다.

이들이 버려진 지역은 강물 하나 없는 황량한 벌판이다. 그들은 여기서 살아남기 위해 땅굴을 파고 그 속에 들어가 겨울을 났다고 한다. 수송되어 오는 과정에서 질식사한 사람들도 있지만, 땅굴 속에서 추위와 배고픔 그리고 질병을 이기지 못해 죽은 사람이 하루에도

수십 명이었다고 한다.

그 시체들을 땅굴 바로 옆 동산에 묻고 겨울을 보낸 후 봄에 땅굴에서 나와 땅을 개간하고 씨를 뿌려 살아 남기 위해 몸부림쳤다.
직접 땅을 파보려 했으나 소금기가 있어 단 1cm도 파기 힘들었다. 이런 곳에서 이들은 땅굴을 파고 농사를 지으며 이를 악물고 살아남았다. 묘지에는 2008년에 돌아가신 분도 있었다. 고려인 2세 중에 부모님이 눈물로 가꾼 그 땅에 묻히기를 원한 분도 있었던 것이다. 아직도 집에서 김치를 담그고 밥상에 고추장과 젓갈을 올려놓는 이 'Local Koreans'을 위해 우리 정부가 나설 때가 되지 않았나 싶다.

첫 번째 하차지점인 이 우스토베는 추모관은커녕 표지판 하나 없어 현지인의 도움 없이는 찾아갈 수조차 없다. 철길 옆 식당에서는 아직도 'kuksi'라는 이름의 한국식 소면을 팔고 있는데, 한국에서는 그 사실조차 모르고 있을 것이다.

타이어가 다 닳아 시장에 들러 중국산 타이어를 샀다.

사이즈에 맞는 것이 없어서 결국 중국 시장까지 가게 되었다.

사진에 있는 타이어는 그곳에서 새로 산 것이다.

고작 20km 타고 이렇게 되었다.

캠핑하는 법

드디어 카자흐스탄의 옛 수도 알마티가 가까워졌다. 저녁 늦게 도시에 도착해 숙소를 잡으면 하룻밤 숙박비가 그냥 나가버리므로 최대한 절약하기 위해 사용하는 방법은 아침 일찍 도시에 입성하는 것이다.

알마티에서도 같은 방법을 사용하기로 했다. 도시를 20km 남겨두고 텐트를 치고 잔 다음 도시 구경을 하고 바로 도시를 빠져나가기로 했다.

사진은 알마티 근교의 중단된 공사현장. 특이한 잠자리를 좋아하는 우리를 동시에 만족시켜 준 장소였다.

만년설

숙박비를 아끼기 위해 텐트에서 잤건만 알마티에서 만나는 사람마다 여기는 볼 것이 정말 많으니 그냥 가지 말라는 말을 했다. 그 중에서도 만년설은 꼭 봐야 한단다. 더위 때문에 숨쉬기조차 힘든 이 여름에 만년설을 볼 수 있다니, 솔깃하긴 했다.

결국 우리는 숙소를 잡고 근교에 있는 '침블락'이라는 산으로 향했다. 이곳은 겨울철에는 스키를 즐기기 위해 외국인이 많이 찾아오고, 여름철에는 하이킹 하는 사람들이 많다고 한다.

정상까지 연결된 리프트는 3단계로 나눠져 있는데 여름철에는 이용하는 사람이 적어 보통 2단계까지만 운영한다. 이날도 역시 3단계 리프트는 문을 닫아 2단계부터 걸어서 정상까지 올라가기로 했다. 이때가 7월 1일이었는데 신기하게도 정상까지 올라가는 길에는 허벅지까지 빠질 정도로 눈이 많이 남아 있었다. 나는 반바지에 반팔을 입고 왔건만….

평소 등산을 즐기며 백두대간 종주에도 성공한 형은 쉽게 길을 찾아 쑥쑥 잘 올라갔다. 나는 형을 따라가는데도 자꾸 작은 크레바스를 밟아 혼자 고생 좀 했다. 등산에 대해 전혀 모르는 나에게 일단 무릎 이상 발이 빠지는 곳은 다 크레바스다.

왜 산에 올라가느냐는 기자의 질문에 그 유명한 등산가 힐러리 경은 이렇게 대답했단다.
"Because it' s there!"

처음 이 얘기를 들었을 때는 멋있다고 생각했는데 실제로 경험해 보니 그게 아니었다. 북한산 정도면 몰라도 일단 만년설이 있는 산은 그냥 아래에서 감상하는 편이 더 나은 것 같다. 서 있기조차 힘들 정도의 경사면에서 다리가 눈 속으로 빠졌을 때의 느낌은 자이로드롭이 정상에서 멈췄을 때보다 백 배나 더 무섭다.

키르기스스탄 국경에서

알마티를 뒤로 하고 키르기스스탄을 향해 발길을 돌렸다. 중간에 손가락만한 못이 타이어에 박히기도 했지만 뛰어난 자연경관 덕에 마냥 즐거웠다. 세상에, 어떻게 이렇게 아름다운 곳이 있을까. 우리는 감탄사를 연발하지 않을 수 없었다.

카자흐스탄과의 이별이 아쉬워서 국경을 10km 남짓 앞두고 강가에 잠자리를 잡았다. 오랜만에 수영과 샤워를 동시에 마치고 양고기 샤슬릭를 해 먹었다. 매일 하는 캠핑이지만 이상하게 오늘따라 감수성이 풍부해졌다. 그냥 이곳에서 숨 쉬고 있다는 사실 그것만으로도 정말 감사하고 행복한 날이었다.

이곳에선 어떤 광경이 펼쳐질까?

국경 근처에서 잔 덕분에 아침 일찍 키르기스스탄에 입국했다. 입국심사라고 해 봤자 컨테이너 박스에서 여권을 확인하고 입국도장을 찍어 주는 게 전부지만, 언제나 그렇듯 새로운 곳에 들어간다는 건 매우 설레는 일이다.

들어가기 전 '과연 이 나라에서는 어떤 광경이 펼쳐질까?' 상상을 해 본다. 물론 키르기스스탄을 다녀온 사람들의 이야기를 들어 아름다울 것이라고 예상은 하고 있었다.

우와, 그런데 이렇게 아름다울 줄이야. '이야~' '우와~' 라는 감탄사가 절로 나왔다. 상투적인 표현이지만 정말 그랬다. 비포장길이 싫지 않았다. 오히려 자연스러웠다.

우리집 뒷마당

키르기스스탄에 들어와 20km를 지난 지점부터 노란 꽃밭이 펼쳐졌다. 앞으로 달리다 보면 앞쪽 광경만 보게 되는데 우연히 뒤를 돌아보다가 너무나 아름다워 멈췄다.

'내가 이렇게 멋진 길을 달리고 있었구나. 조금 이르지만 오늘 여정은 이만 마무리하고 이곳에 텐트를 쳐야겠다.'

이렇게 멋진 곳에서 하룻밤 보내지 않으면 그것은 왠지 자연의 순리를 거스르는 것 같은 느낌이 들었다.

오늘 우리집 뒷마당은 만년설을 배경으로 한 노란 꽃밭이다.

거대한 호수 이식쿨

이식쿨은 해발 1,600m에 위치한 거대한 호수다. 가로 길이 200km, 세로 폭은 50km가 넘는 곳도 있다. '이식' 이란 말은 '뜨겁다' 는 뜻이란다. 겨울에도 얼지 않아서 붙여진 이름이다. 우리나라도 동해안을 따라서 도로가 나 있듯이 이곳도 호수를 둘러싼 도로가 수백 킬로미터에 달한다.

이곳 보스테리도 대천해수욕장처럼 바나나보트를 비롯한 여러 가지 물놀이 기구가 있다. 그 중에서 우리 눈길을 끈 건 보트에 줄을 매달고 하늘을 날아가는 패러글라이딩. 돈을 가지고 가서 얼마냐고 물으니 2명이 4만 원이라고 해 그냥 돌아와 버렸다. 대신 저렴한 대관람차를 타기도 하고 작은 선착장에서 꼬마 아이들과 다이빙을 하며 여행 중 또다른 휴가를 즐겼다.

다시 출발하여 이식쿨의 끝자락을 지나가다 발견한 아주 멋진 곳. 찰나의 순간에도 저렇게 기가 막힌 곳은 우리 눈을 피해갈 수 없다. 한적하고 운치가 있는 곳에서 또 달콤한 잠을 잘 수 있겠구나.

캬~ 키르기스스탄, 정말 마음에 든다.

On the road

드디어 두 달 만에 자전거 여행객을 만났다. 그들은 모스크바에서 왔는데 기차를 타고 3일 걸려 이곳발릭치에 내려 자전거로 키르기스스탄을 돌아볼 준비를 하고 있었다.

역시 키르기스스탄이다. 하루에도 자전거 여행객 여러 명을 만났다. 그 중에서도 프랑스에서 온 이 여성은 홀몸으로 여행을 하고 있었는데 얼마나 대단한지 모르겠다. 20년 동안 그녀와 함께 한 자전거에서 세월의 흔적을 발견할 수 있었다. 모든 부품이 낡고 또 구식이었다. 앞으로 힘들어도 자전거 탓은 하지 말아야겠다. 프랑스에 오면 꼭 연락하라고 주소까지 적어 주었다. 오예~.

장난인지 진심인지

주와 주 경계에서 근무하는 군인과 경찰들이 어디서 왔는지, 얼마나 걸렸는지 등을 물어보다 한 녀석의 시선이 나의 플래시에 쏠렸다. 작동해 보이니 선물로 달란다. 그것이 없으면 밤에 달릴 수가 없다고 하니 괜찮단다. 진심으로 갖고 싶어하는 것 같았다. 그냥 '선물로 주세요' 가 아니라 거의 '이거 나 가질래' 수준이었다.

여행을 하다 보면 가끔 이런 난감한 상황을 맞이하기도 한다. 선글라스, 휴대전화, 그리고 헬멧이 주요 대상이 된다. 플래시는 한참 실랑이를 하고 난 후 다시 돌려받을 수 있었다.

왕국 속의 왕국

이렇게 아름다운 나라에서 별도로 국립공원으로 지정해 놓았다면 대체 이곳은 얼마나 아름답다는 말인가?
알라-아르차 계곡이다. 옆의 친구는 우리가 머문 숙소의 현지인 총지배인이다. 이틀 동안 우리를 안내해 주었는데 밤새 일하고도 다음날 우리와 함께 해 준 고마운 친구. 언젠가는 한국에 가서 일을 하고 싶다며 우리말을 배우고 있었다.

그와 함께 이 국립공원을 찾았을 때는 비가 보슬보슬 내리고 있었다. 흐린 날씨인데도 눈길 닿는 곳마다 장관이 펼쳐졌다. 비 때문에 카메라를 꺼내지 못한 것이 지금도 아쉽기만 하다.

그래, 마시자!

낑낑대며 산을 오르는데 한 가족이 길가에 차를 세우더니 힘내라며 음료수 한 잔을 건넸다. '뭐지? 사이다인가? 시원했으면 좋겠다' 하며 마시려는 순간 독한 알코올 냄새가 코를 찔렀다. 보드카였다. "이거 마시면 자전거 못 타요!"라는 나의 말에 웬걸, "그럼 우리집에서 자고 가면 되지!"라고 한다.

이런 것이 기브 앤 테이크. 보드카 한 잔을 원샷 하면 현지인 집에 가서 잘 수 있다. 그래, 마시자! 숨을 참고 보드카를 한입에 털어넣었다.

"목이 말랐나보군! 자, 한 잔 더 마시게!"

원샷 하는 나에게 어르신이 한 잔 더 따라주셨다. 내가 왜 원샷을 했을까? 한국에서도 마찬가지지만 여기서도 거절하는 것은 예의가 아니다. 한 잔을 더 받고 이번엔 독하다면서 여러 번 나눠 마셨다. 오르막이 있으면 내리막도 있는 법. 분명 초대받은 집에 가면 즐거운 일이 생길 것이라 확신했다.

다행히 그들의 집은 아주 가까운 곳에 있었다. 그곳에 도착하자 대가족이 나와 우리를 환영해 주었다. 할아버지, 할머니, 아버지, 어머니, 이모, 삼촌, 며느리, 아들딸…. 마치 우리를 기다렸다는 듯이 부엌에서는 요리를 하고, 그동안 재밌는 걸 하자며 우리를 다시 밖으로 데리고 나갔다. 마당에는 벌써 사냥용 장총과 낚싯대를 들고 두 사람이 서 있었다. 사냥과 낚시. 야생에서의 자급자족 생활은 내가 제일 좋아하는 것이다.

폭 3m 정도 되는 계곡에 가서 낚시를 시작했다. 미끼는 야생 지렁이. 작은 송사리 정도만 살 것 같은 얕은 계곡에서 팔뚝만한 송어를 끊임없이 낚아 올렸다. 30분 만에 이미 대가족이 먹고도 남을 만큼 잡았다.

이번엔 총을 들고 조금 더 깊은 산속으로 이동했다. 뭘 사냥하느냐고 물으니 호랑이와 늑대를 잡는단다. 아까 낚시하던 실력을 봐서는 기대를 해도 좋을 것 같았다. 그런데 호랑이와 늑대에게 나 또한 사냥감이 되는 것 아닐까? 총이 하나밖에 없는데 갑자기 늑대가 나타나면 어떻게 하느냐고 묻자, 아까 잡은 물고기를 가리키며 하나 던져 주란다.

두 눈을 크게 뜨고 아무리 살펴봐도 늑대는커녕 쥐새끼 한 마리도 보이지 않았다. 그때 산 아래에서 식사 준비가 다 됐다고 아주머니가 소리를 질렀다. 늑대를 잡아 주겠다고 큰소리치던 아저씨는 이때다 싶었는지 얼른 내려가잔다.

식탁에 만찬이 준비되어 있었다. 구소련의 영향을 받아서인지 카자흐스탄에서도 보드카가 항상 식탁에 올라왔다. 저녁을 먹으며 어찌나 술을 많이 마셨는지 남자들은 이미 쓰러져 자고 있고 음식을 해 주신 아주머니가 말동무를 해 주었다.

"한국 남자도 술 좋아해요?"

아주머니가 의미심장한 질문을 던지셨다. 이야기를 들어보니 이쪽 남성들은 술을 무척 좋아하고 가부장적이라고 한다. 자신은 공부를 해서 간호사가 되고 싶었는데 아버지의 반대로 시작도 못했다고. 커리어우먼으로서 자기 일을 하고 있는 한국 여성에 대해 이야기해 주자 갑자기 눈물을 흘리셨다.

세상이 많이 변했다고는 하지만 여성이 자신의 꿈을 펼치지 못하고 살아가는 그런 곳이 아직 존재했다.

몽골 이후에 기념품을 마구마구 사고 싶어진 건 처음이다.
남아도는 것이 가죽과 양모라서 그런지 싼 기념품이 많았다.
한국에 돌아가면 우리를 응원해 준 사람들에게 답례로
선물할 기념품들이다.
그 비싼 캐시미어 원단으로 낙타인형을 만들다니….
캐시미어도 역시 이들에겐 그냥 천조각에 불과한가보다.

자전거를 타고 가는데 저 멀리 빨간색 산이 보였다.

저게 뭘까, 한참 궁금해 하며 가까이 다가가자

키르기스스탄의 국기를 그려놓은 것이었다.

축구장 두 개는 넘을 것 같은 엄청난 크기의 국기를 그려놓은 것만

보더라도 국가에대한 자부심을 엿볼 수 있었다.

우리나라 곳곳을 돌아다녀도 저렇게 크게

태극기를 꾸며놓은 곳은 보지 못했다.

어머니에게서 딸에게로

몽골 고비사막 한가운데 있는 마을에 들렀을 때다. 마을이라기보다는 80년대 한국의 판자촌 같은 분위기였다. 지붕으로 쓰던 것처럼 보이는 판자로 울타리를 치고 그 안에 '게르' 라고 불리는 집을 한두 채 지어 놓았다. 게르는 몽골인들의 전통가옥으로 유목생활을 하기 위해 해체와 조립이 간편하다.

그러나 아직까지 풀리지 않는 의문이 있다. 정말 간편하게 지으려면 인디언들처럼 삼각형으로 구조물을 세우면 되는데 이들의 집은 둥글다. 인공적으로 만드는 데 가장 쉬운 것은 삼각형이고 가장 어려운 것이 원형이라고 한다. 장충체육관을 지을 때 원형 건물을 지을 수 있는 기술력이 없어 필리핀 기술자의 도움을 받았다고 하니 짐작이 간다. 이들이 단지 생존을 위해 집을 지었다면 분명 지금의 모양으로 만들지는 않았을 것이다. 바쁜 유목생활 중에도 이들만의 문화를 고집하여 후대까지 전수해 준 것이라 감히 상상해 본다.

몽골의 게르는 칭기즈 칸이 영토 확장을 했던 머나먼 중앙아시아에서도 어렵지 않게 발견할 수 있다. 외관은 어디나 비슷하다. 그러나 안에 들어가 보면 한눈에 차이를 확인할 수 있다. 벽을 뒤덮고 있는 카펫 문양과 색이 다 다르다. 처음에는 집집마다 다르겠거니 생각했는데 지역마다 좋아하는 문양과 색이 따로 있었다. 이 카펫은 자수를 놓듯 실

하나하나를 꿰매어 만드는데 보통 6개월에서 길게는 1년까지 걸린다고 한다. 이 카펫은 딸 시집보낼 때 가장 중요한 혼수용품이란다.

그런데 이것을 만드는 건 어머니의 몫이다. 누구의 도움도 없이 천천히 그리고 아주 정성스럽게 바느질을 해 나간다. 그녀의 어머니가 그랬듯이 자신이 혼수로 가져온 것보다 더 예쁘고 정성스럽게 만들어 줄 것이다. 어머니는 딸에게 해 줄 수 있는 것이 이것밖에 없어서 미안하다고 하지만, 이보다 더 큰 선물은 없다는 사실을 딸은 이미 알고 있을 것이다. 그들의 전통은 그렇게 어머니에게서 딸에게로 전수되어 내려오고 있었다.

또 신세

여행을 다니다 보면 항상 신세를 지고 다니는 기분이 든다. 길을 물어볼 때도, 음료수를 받을 때도, 집에 초대를 받을 때도 항상 고맙고 미안한 마음이 든다. 우리는 이런 상황을 대비해 기념품 몇 가지를 준비해 왔다. 인사동에서 가장 한국적이고 외국인들이 좋아할 만한 선물을 샀다.

그런데 고마운 사람들이 어찌나 많던지 그 선물은 여행을 시작한 지 한 달 만에 동이 나버렸다. 그 이후에 우리가 보답으로 해 줄 수 있는 것은 우리 여행담뿐이었다. 그런 와중에 키르기스스탄의 어느 산골에서 베풀 수 있는 기회를 준 꼬마들을 만났다.

뜨거운 햇살을 피해 유목민들이 운영하는 카페에 들러 간단하게 끼니를 때우기로 했는데, 갑자기 그 카페 주인의 아이들이 우리를 밖으로 끌고 나와 바닥에 내팽개쳐져 있는 자전거 두 대를 가리켰다. 아이들이 타는 자전거인데 고장 나서 몇 년 동안 방치해 둔 것이란다.

나는 아이들의 눈빛이 이보다 초롱초롱한 걸 본 적이 없다. 무조건 고쳐주어야겠다는 사명감이 들었다. 자전거 수리라면 자신 있으니 아이들에게 실망감을 안겨 줄 수는 없었다.

자전거를 보니 예상보다 심각했다. 하지만 아이들이 탈 수 있을 정도로는 고칠 수 있을 것 같아 노끈과 박스테이프까지 동원하여 한 시간가량 씨름한 결과 드디어 아이들의 환한 미소를 볼 수 있었다.

아이들의 누나가 고마웠는지 카페 뒤쪽에 있는 목장으로 우리를 데리고 갔다. 그리곤 말 한 마리 옆으로 다가가더니 양동이 하나를 바닥에 내려놓고 갑자기 젖을 짜는 것이 아닌가.
"Do you like horse milk?"
웃으면서 우리에게 물었다. 몽골에서 말젖으로 만든 술은 마셔보았지만 젖을 짜서 우유처럼 마셔본 적은 없었다. 과연 어떤 맛일까.

말은 제주도에도 많지만 사람이 말젖을 마신다는 얘기는 들어보지 못했다. 그런 데는 그만한 이유가 있을 것 같은 생각에 의심 가득한 심정으로 한 모금 마셨다. 어라? 처음 맛보는 맛이다. 말로 설명하기 힘들지만 맛있었다. 갓 짜낸 말젖은 아주 신선한 딸기우유 맛과 비슷하다고 할까. 직접 마셔보지 않으면 절대로 알 수 없는 그런 맛이다. 말의 체온이 그대로 전달되는 게 조금 당황스러웠지만 새끼말이 왜 태어나자마자 벌떡 일어나서 어미젖부터 빠는지 알 것 같았다.

따뜻한 딸기우유 맛에 흠뻑 빠져 양동이 채로 말젖을 마시던 우리에게 산책을 가자고 했다. 그러더니 갑자기 옆에 있는 말 위에 올라타는 게 아닌가. 역시 유목민이다! 산책도 말을 타고 하다니. '말타기라면 우리도 몽골에서 연습 좀 했지' 하며 올라타려는데 안장이 없었다. 타는 건 둘째 치고 안장이 없는 말 위에 올라앉는 것 자체가 불가능했다. 어여쁜 아가씨 앞에서 이게 웬 망신인가. 그래도 다행히 아까 젖을 짤 때 쓰던 양동이의 도움을 받아 겨우 올라갈 수 있었다.

"추! 추!" 말이 서서히 걷기 시작했다. 그러나 안장이 없으니 발을 딛을 곳도 손으로 잡을 곳도 없어 위아래로 심하게 요동치기 시작했다. 지푸라기라도 잡고 싶은 심정에 말 목덜미 털을 움켜쥐었더니 갑자기 말이 달리기 시작했다. "으아~" 나도 모르게 비명을 지르자 아가씨가 달려와 말을 멈춰 세워 줬다. "휴~ 죽을 뻔했네!"

꼬마들의 자전거를 고쳐 주어 처음으로 누군가에게 도움이 되나 싶었는데, 결국 우리가 해 준 것보다 더 많은 것들을 얻었다.

우리는 서쪽으로 간다

자전거 여행을 하다 보면 외국인들 특히 유럽인들을 많이 만난다. 많이라고 해 봐야 한 달에 한두 번 정도지만 그들은 거의 동쪽으로 가고 있다. 유럽에서 출발해 아시아로 향하니까. 서쪽으로 향하는 여행객은 우리밖에 없다. 이것은 마치 남들 다 출근할 때 혼자 퇴근하는 느낌이라고나 할까.

하지만 같은 고생을 하고 있어서 그런지 금세 친해진다. 사진도 찍고 정보도 교환하고, 헤어지기 전에 주소를 적어 주면서 유럽에 오면 꼭

찾아오라고 한다. 우리 역시 한국에 오면 공짜로 재워 주고 구경시켜 주겠다고 호언장담했는데, 그 사람들 정말 다 오면 파산할 듯하다.

소고기 주세요

중앙아시아에서는 대도시 말고는 마트를 찾아보기 힘들다. 식료품을 구하려면 주로 마을 공터에서 열리는 시장을 찾아가면 된다. 과일, 빵, 고기 그리고 각종 생필품들이 이곳에서 거래된다. 시골 시장에서는 관광객이라고 바가지를 씌우는 경우가 거의 없기 때문에 우리는 이곳을 자주 이용했다.

바나나와 빵을 사고 단백질을 보충하기 위해 정육점에 들렀다. 이곳에는 도매, 소매 하는 유통시스템 따위는 없다. 그저 자기가 기르던 가축을 잡아서 벽에 걸어 놓고 판다. 그 흔한 냉장고도 없다. 그나마 헝겊으로 덮어놓으면 다행이다.

그런데 이번에 들른 곳에는 헝겊조차도 없었다. '이렇게 더운 날씨에 고기를 실온에 보관하면 분명히 상할 텐데….' 우리가 이런 의문을 품으며 고민하고 있는데 아주

머니 한 분이 당당하게 고기를 사갔다.

"그래… 괜찮을 거야…."

여행을 할 때는 최소한의 의심만 남겨두고 과감하게 행동해야 한다. 우리는 당당하게 정육점 앞으로 갔다. 고기 세 덩어리가 벽에 매달려 있었다. 몽골에서부터 양고기는 지겹게 먹어봤기 때문에 오늘은 꼭 소고기가 먹고 싶었다. 며칠 전에 소고기를 사서 구워 먹었는데 어이없게도 양고기였기 때문에 신중하게 주문해야 했다.

그래서 이번에는 손가락으로 소의 뿔을 만들고 "무우~"라고 외치며 소고기를 주문했다. 역시 주인아저씨는 단번에 알아들었는지 고개를 끄덕이며 맨 끝에 있는 고깃덩어리를 꺼내 썰어 주었다. 이번에는 틀림없겠지.

만찬을 즐기기 위해 강가에 잠자리를 잡고 불을 피웠다. 그리고 고기를 불에 올려놓는 순간 양고기 특유의 향기가 솔솔 올라왔다.
"에고, 이번에도 양고기다."
이곳의 양들은 소처럼 '무우~' 라고 우는 것일까. 아니면 소고기는 처음부터 없었던 것일까. 보디랭귀지는 역시 어렵다.

마지막 관문

키르기스스탄의 마지막 고비 '알라벨' 이다.
한국으로 따지면 동해로 가기 위해 대관령 정상에 오른 정도가 되겠다.
작은 차이가 있다면 대관령보다 조금 더 높다는 것.
해발 3,175m, 한라산보다도 1,000m나 높은 고도다.
하지만 오르기 전 긴장을 바짝해서 그런지 나름대로 쉽게 도착했다.
산에 눈이 남아 있는 모습이 꼭 범고래 같았다.
룰루랄라, 이제 시원하게 내리막길만 있겠군.
다음 목적지 '톡토굴' 까지 60km를 공짜로 내려갈 수 있다.
이제 키르기스스탄도 거의 끝이구나.

пер. АЛА-БЕЛ ашуусу
ALA-BEL pass
3175м

또 보드카다

자전거를 타고 신나게 내리막길을 내려가고 있었다.
"어이! 어이!"
어디선가 우리를 부르는 듯한 느낌이 들었다.
"어? 한국 사람들인가?"

자전거를 세우고 고개를 돌리자 현지인 네 명이 정자에 앉아 있는 모습이 눈에 들어왔다. 정말 신기하게도 나라마다 언어는 다 달라도 사람을 부르는 소리는 비슷한 것 같다.

시원한 물이나 얻어 마실 수 있을까 했지만 또 붙잡혀서 보드카를 들이켰다. 오늘 목표한 곳까지 20km 안팎 남아 있어서 마음 편히 그들과 어울렸다. 대화는 한정되어 있지만 언제나 그렇듯 현지인들 틈에 끼어 있는 것이 행복하다. 러시아 사람들은 추위를 이기기 위해 보드카를 마신다고 하지만, 여기 사람들은 더워 죽겠는데 무슨 보드카를 저렇게 대낮부터 마시는지. 참 고맙네.

신비로운 강줄기

키르기기스탄 여행은 정말 종합선물세트 상자를 여는 기분이다. 분명 나린 강에서 들어오는 물은 흙탕물이었는데 어쩜 저렇게 매력적인 색깔로 바뀌었을까. 카라쿨 호수의 물빛은 정말 오묘하다. 가만히 보고 있으면 뭔가에 홀린 듯 그 속으로 빠져들 것 같은 느낌이 든다.

거짓말쟁이

언덕이나 내리막길이 펼쳐질 때면 으레 나타나는 표지판. 이제는 믿지 않지만 궁금한 게 몇 개 있다. 저 %가 정확한 것일까? 대부분 12%로 표시되어 있기 때문이다.

어떨 땐 평지길 같은 오르막길도 12%로 표시되어 있어 우리를 긴장하게 만들기도 했다. 또 진짜 12%의 길을 힘들게 올라가서 뒤를 돌아보면 반대편 차로엔 내리막 6% 하고 쓰여 있는 경우도 있다.

우즈베키스탄 국경 20km 전

우즈베키스탄 국경을 20km 앞두고 도로 옆에 텐트를 쳤다. 불을 피워 놓고 키르기스스탄에서의 마지막 밤을 보낼 준비를 하고 있는데 손에 한가득 나무를 든 친구가 우리를 불렀다. 다가가서 웃으며 악수를 하고 간단히 소개를 했다. 몇 마디 주고받자 집으로 초대하겠단다. 뭐 우리야 땡큐지.

나는 자전거를 타고 그 집을 확인하러 갔고, 형은 텐트 철수 준비를 했다.

우리를 초대한 그와 그의 아내, 텐트가 신기한지 텐트에서 한번 자보고 싶다고 했다.

우즈베키스탄

키르기스스탄에서 우즈베키스탄 국경을 찾느라 2시간여를 헤맸다. 며칠 전 자전거 여행을 하던 유럽인 친구가 국경이 아주 작아서 신경을 써야 한다고 했는데, 그 말이 맞았다. 키르기스스탄에서 우즈베키스탄으로 넘어가는 국경은 실감이 안 날 정도로 주변 분위기는 평안했다.

그런데 쉽게 국경을 통과하리란 생각이 어긋나기 시작했다. 도무지 직원들이 일을 하려고 하지 않는 듯했다. 전화받다가 문자도 보내고 잠시 외출도 했다가 담배도 피우다가….

이럴 때 돈을 주면 일처리를 빨리 해 준다는 말을 들었지만, 우리는 그럴만한 여유가 없으니 그냥 무작정 기다리기로 했다.

가까스로 3시간 만에 국경을 통과하고 허기진 배를 붙잡고 길을 나섰다. 뙤약볕에 꾸역꾸역 페달을 밟다가 잠시 카페에 들러 앉아서 쉬고 있는데 이 사람 저 사람 몰려들어 신기하게 쳐다보기 시작했다. "카레이 카레이" 하면서 사람들이 더욱더 몰려왔다. 우리가 알고 있는 러시아어를 총동원해서 여행 이야기를 풀어놓자 사람들이 흥미를 갖는 듯했다. 그때 아주머니가수크랏 어머니 집에서 샤워나 하고 가란다. 그렇게 샤워나 하러 간 그 마을에서 우리는 3일을 머물게 되었다.

조그만 철대문을 열고 들어간 수크랏의 집은 우리나라에서는 돈 좀 있는 사람들이 살고 있을 법한 대저택이었다. 마당을 둘러싸고 방이 연결되어 있었다. 마당에는 갖가지 야채, 과일이 열려 있고 담을 넘어서는 소와 닭, 양 스무 마리 정도를 기르는 축사도 있었다.

수크랏은 젊은 친구라서 그런지 샤워 대신 강에 수영을 하러 가자고 했다. 그의 가족 차 마티즈이곳의 차는 80% 이상이 대우차다. 근처에 대우자동차 우즈벡 공장이 있다를 타고 도착한 강가엔 수십 명의 아이들이 물놀이를 하고 있었다. 수영 준비를 하고 다리로 갔더니 웬걸, 그 높은 곳에서 다이빙을 하고 있는 게 아닌가? "나도 여기서 뛰어야 해?" 뛰어야 했다.

멀뚱멀뚱 구경만 하고 있으니 하나둘 우리 앞으로 모여들었다. 다이빙을 하라는 거였다. 그 중압감이 얼마나 큰지는 아무도 모를 것이다. 수영을 못하는 사람이 이 마을에 머문다면 엄청 난처했을 것이다. 더군다나 강물이 완전 흙탕물이라 깊이가 어느 정도인지 가늠이 가지 않는데다 물살까지 아주 강했다.

수영인지 아니면 우리를 시험해 보는 건지 아무튼 다이빙 시험이 끝난 뒤 축구시합이 열린다는 곳으로 갔다. 수크랏 말로는 아마추어 경기라는데 주심을 포함하여 선심, 앰뷸런스, 심지어 경찰까지 왔다.

마을 사람들이 한데 모여 자기 팀을 응원하는 문화가 보기 좋았다. 방구석에 처박혀서 EPL만 보며 우리나라 축구는 재미없다느니 하는 우리 축구 관람 문화와는 차원이 달랐다.

축구경기가 끝나자 저녁을 먹으러 가잔다. 다시 마티즈를 타고 도착한 곳은 수크랏의 삼촌댁이었다. 앉아서 차 한 잔 마시고 나니 아주머니가 한상 차려 오셨다.

식사가 끝나자 다시 어디론가 이동을 했다. 이번에는 할아버지댁이란다. 저녁식사를 하고 왔다고 말씀드렸는데도 부엌에서 이것저것 꺼내 오시며 와줘서 고맙다는 인사를 했다.

이 마을에 머무는 3일 동안 하루에도 몇 번씩 친척집을 돌아다니며 인사를 했다. 알고 보니 이슬람교 성경인 쿠란에 손님을 대접해 주면 신으로부터 축복을 받는다는 구절이 있단다. 수크랏이 그토록 친척들에게 우리를 소개시켰던 것도 그 축복을 친척에게도 나눠 주기 위한 것이었다. 여행객 입장에서는 이보다 더 좋은 문화는 있을 수 없다. 쿠란 덕분에 우리는 축복도 나눠 주고 맛있는 음식도 먹을 수 있었던 것이다.

벽돌 제조 비법

샤브캇이라는 친구가 마당에서 무언가 열심히 하고 있다. 물어보니 벽돌을 만들고 있단다. 강에서 퍼온 질펀한 흙을 틀에 넣고 한 번에 4개씩 수제 벽돌을 찍어내고 있었다. 이것을 이틀 정도 건조시키면 40년은 거뜬히 버틸 수 있는 집을 지을 수 있다고 한다. 결혼하고 새색시와 살 집을 짓기 위해 열심히 벽돌부터 만들고 있었던 것이다.

나도 언젠가는 바닷가에 직접 집을 짓고 살고 싶다는 생각을 했었지만, 그러기 위해 열심히 돈을 벌어야겠다는 마음만 먹었지 벽돌을 만들 생각은 하지 못했다. 한 달이면 집을 지을 수 있다니, 서울에 집 한 채 사기 위해 몇십 년이 걸리는 우리와는 사뭇 대조적인 모습이다. 나도 혹시 몰라서 샤브캇의 벽돌 제조 비법을 전수받아 놓았다.

샤브캇이 벽돌을 만드는 동안 그늘에서 쉬는데 나무에
열매가 열려 있는 것이 보였다. 무슨 열매일까?
돌로 두들겨 까 보니 호두였다.
시골에서 산 경험이 있는 형조차도 처음 보는 것이란다.
열심히 호두를 까던 형의 손이 초록색으로 물들어 버렸다.
한 달이 지나면 자연스레 없어진다니
봉숭아 꽃물 들인 것보다 효과가 좋은 것 같다.

우리가 어디를 가든 저런 꼬마들이 수십 명씩 달려든다.
장동건이나 정우성이 나타난 것처럼 연신 우리를 찍어댄다.
심지어 어떤 녀석은 사진을 찍으니까 웃어 보라고도 한다.
가끔은 그 모습이 너무 귀여워서 사진을 찍히는 동안
나도 아이들을 카메라에 담곤 했다.
내가 여행하고 있는 건지 저 녀석들이 나를 보러 온 건지!

친구끼린 돈을 주고받는 게 아니야

수크랏의 집에 3일 머무는 동안 우리는 매일 밤 이곳 슈퍼에서 맥주를 마셨다. 슈퍼 주인은 '막숫' 이다. 나와 함께 서 있는 여자는 막숫의 여동생. 수크랏을 포함하여 샤브캇과 또 그의 친구들 대여섯 명은 매일 밤 우리와 함께 했다. 그러나 우리가 쓴 돈은 '0' 원. 물어보니 원래 친구끼리는 돈을 주고받는 것이 아니란다.

한 번은 저녁식사를 하기 위해 레스토랑에 들렀는데 이곳도 역시 친구가 운영하는 곳이기 때문에 먹고 싶은 걸 마음껏 먹으라고 하는 게 아닌가! 그런데 레스토랑 문을 열고 들어오는 사람들을 보니 이 사람도 친구, 저 사람도 친구였다. 이 사람들 대체 돈은 어떻게 버는지 정말 신기할 따름이다.

우즈베키스탄식 쫄렙빵은 집 마당에서 직접 굽는다.
밀가루를 반죽해서 아궁이 같은 곳에
잘 붙여 놓고 몇 분만 기다리면 먹음직스런 노란 빵이 완성된다.
이곳에서 쫄렙과 차이는 우리나라의 밥과 김치 같다.
언제 어딜 가더라도 맨처음 내오는 종목이다.

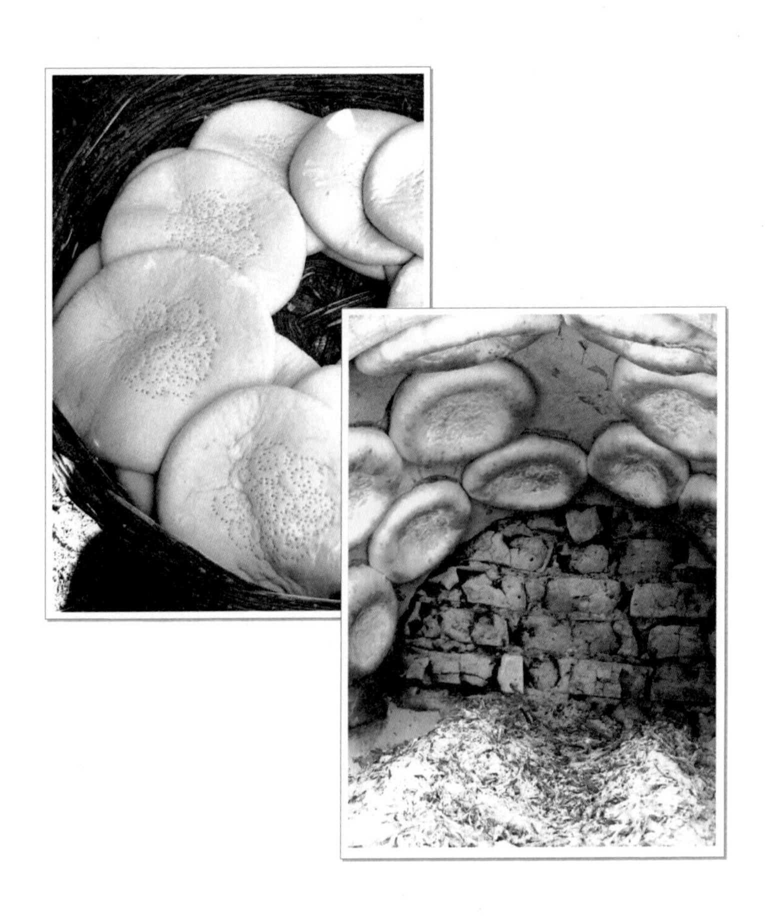

'주몽' 의 인기

자전거를 타다가 잠시 쉬고 있으면 어디 숨어서 기다리고 있었다는 듯이 사람들이 나타났다. '사인해 달라, 같이 사진 한 장 찍어 달라, 한 번 안아봐도 되느냐' 등 부탁도 가지가지다. 여기도 카자흐스탄에서처럼 유명한 사이클 선수가 있겠거니 했는데 알고 보니 한국 드라마 때문이었다.
몽골에서는 한국 드라마 '아내의 유혹' 이 시청률 90%가 넘었다는데, 우즈베키스탄에서는 '주몽' 의 인기가 대단했다.

그런데 사람들이 나를 주몽으로 착각하는 모양이다. 여행을 시작하면서 머리를 한 번도 자르지 않았던 게 여기 우즈베키스탄에서 빛을 보게 된 것이다.

주와 주 경계에 있는 검문소를 지날 때의 일이다. 여기도 어김없이 경찰과 군인이 바보 여행객들한테 돈을 뜯어내려고 대기하고 있었다. 경찰들이 우리를 불러세우더니 아니나 다를까, 여권과 각종 서류를 요구했다. 경찰 한 명이 우리 서류를 꼼꼼히 살피는 동안 옆에 있던 다른 경찰이 대뜸 혹시 주몽이

아니냐고 물었다. 그러자 서류를 보던 경찰도 나를 쳐다보더니 서류를 다시 돌려주며 사진이나 한 장 찍자고 하는 게 아닌가! 당황스럽고 어리둥절했지만 요구대로 순순히 사진을 찍어 주고 재빨리 서류를 챙겨 검문소를 빠져나왔다.

그 이후로도 어디를 가나 사람들이 우리 주변에 모여들었고 어김없이 사인과 사진을 요구했다. "일국송! 일국송!송일국" 아니라고 해도 소용없다. 그저 닮은 사람이라도 좋은가 보다. 한 편의 드라마가 외국인들에게 끼치는 영향력은 대단했다. 심지어 아이 이름을 '주몽'으로 짓는 사람도 있다. 수많은 어려움을 극복하고 나라를 건국하는 주몽의 모습이 이곳 사람들에게 어필하였단다. 주몽 만세!

재래시장

"헤이 미스터, 유 프라이스 you price, 유 프라이스."
나에게 가격을 말하란다. 아, 용산에서의 스트레스를 여기서도…. 나중에서야 가격을 알아내는 기술을 알았다. 서서히 가격을 낮추어 가다가 아주머니가 화를 내며 가버리는 경우가 있는데 그게 바로 아주머니가 물건을 떼오신 가격이 아닌가 한다. 거기서 조금 더 주면 된다.

처음에 200달러를 부른 옷을 20달러에도 살 수 있으니 마음에 드는 물건이 있다면 조금 수고스럽더라도 꼭 흥정을 해야 한다. 그리고

물건을 구입했으면 절대 다른 곳에 가서 똑같은 물건의 가격을 물어보면 안 된다. 기분이 좋을 때보다 나쁠 때가 더 많아질 것이 분명하니까.

우즈베키스탄의 최고액권 화폐인 1,000숨, 우리나라 돈으로 따진다면 1,000원이 조금 안 되는 800원가량 된다. 그래서 100달러짜리 지폐 하나 환전하면 벽돌 한 장 만큼의 돈을 받을 수 있다. 아무리 나눠서 넣어도 옷 주머니 속에는 다 들어가지도 않는다.

우리나라 돈으로 8만 원짜리 물건을 사려면 지폐 100장을 들고 나서야 한다. 재래시장에 들렀을 때 사람들이 왜 돈을 검정 비닐봉지에 담아서 다닐까 궁금했었는데, 이제야 그 이유를 알겠다.

중앙아시아의 북한

시베리아와 중앙아시아를 꼭 가보고 싶어서 러시아까지 북쪽으로 올라갔다가 다시 남쪽 우즈베키스탄까지 왔는데 다음 돌파구를 찾기가 쉽지 않았다. 아래로는 아프가니스탄 현재 입국 금지 국가로 정부에서 지정이 버티고 있고 위로는 카자흐스탄 이미 통과해 온 국가이 막고 있어 아제르바이잔으로 가기 위해서는 반드시 투르크메니스탄을 통과해 카스피 해를 건너야만 한다. 그러기 위해서는 자전거 타는 것을 포기하고 24시간 가이드의 감시 하에 차량을 이용해 이동해야만 했다.

뭐든 못하게 하면 더 하고 싶어지는 것이 인간의 심리 아닌가. 투르크메니스탄, 도대체 어떤 나라기에 이렇게 출입을 막는지 꼭 확인하고 싶어졌다. 하지만 자전거 여행객으로서 응급상황이 아닌데 자전거를 차에 싣는 것은 굉장히 자존심 상하는 일이다. 그러나 우리는 여행하기 위해 자전거를 타는 것이지, 자전거를 타기 위해 여행을 떠난 것이 아니기 때문에 이번만큼은 과감히 자전거에서 내리기로 했다.

투르크메니스탄. 이 이름을 듣는 순간 어떤 이미지가 떠오르는가? 우리도 마찬가지였다. "이런 나라도 있었나?" 가령 '인도' 하면 떠오르는 문화나 사람들의 이미지가 있지만 투르크메니스탄은 그런 것조차 없었다. 최소한 신문을 통해 그 이름은 들어봤을 법도 하나,

투르크메니스탄은 '중앙아시아의 북한'이라는 별칭 외에는 우리에게 알려지지 않은 아주 낯선 나라다.

왜 중앙아시아의 북한이라고 불리는지, 왜 세상에 그렇게 알려지지 않았는지 직접 그곳에 가서 확인을 해 보기로 했다.

중국, 몽골, 러시아 등 한국에서 받을 수 있는 비자는 여행 일정에 맞춰 다 준비해 왔다. 하지만 주한 대사관이 없어 투르크메니스탄 비자는 미리 준비하지 못했다. 우즈베키스탄 수도에서 비자를 받으면 된다는 여행사의 말을 믿고 출발했던 것이다. 그러나 여행 중간에 만난 다른 여행객들의 말을 들어보니 한국에서 들었던 것처럼 투르크메니스탄 입국은 그리 쉬운 것이 아니었다.

초대 대통령인 니야조프가 사망한 2006년 이전까지는 외국인 관광 자체가 불가능했으나 베르디무하메도프 대통령이 부임하면서 굳게 닫혀 있던 국경을 조금씩 열기 시작했단다. 그러나 그 문도 활짝 열어 준 것이 아니기 때문에 아직까지는 절차와 비용이 만만치 않았다. 관광비자를 받으려면 LOI라는 초청장이 필요한데, 이것을 받으려면 24시간 붙어다니는 가이드를 고용해야 하고, 정확한 이동차량과 숙소예약이 필요했다. 정확한 입·출국 날짜는 물론이거니와 국가에서 지정한 경로를 통해 이동해야만 하고, 가이드 없이 돌아다니다가 걸렸을 경우에는 엄청난 벌금과 함께 본국으로 강제 추방당한다고 한다.

이제 슬슬 왜 '중앙아시아의 북한' 이라고 불리는지 감이 좀 오는가?

투르크메니스탄, 그곳에 가다

한국에는 아직 투르크메니스탄 여행을 주선하는 여행사가 없어 결국 여행 도중에 영국에 있는 여행사에 연락해 필요한 서류들을 준비했다. 스마트폰도 컴퓨터도 없는 상황에서 여행사와 연락을 주고받는 것이 여간 어려운 게 아니었다.

우즈베키스탄의 시골동네에서 영국으로 팩스를 보낼 수 있는 곳을 찾는 일이 쉽지 않을 것이라는 예상은 했지만 이건 해도 너무하다 싶을 정도였다. 게다가 영국과의 시차가 몇 시간씩 나는 터라 통화가 가능한 시간도 하루에 몇 시간 안 되었다.

우여곡절 끝에 우즈베키스탄을 빠져나가기 전에 모든 준비를 마쳤다. 그건 정말 기적이었다. 만약 비자기간이 끝나기 전에 투르크메니스탄으로 넘어가지 못한다면 우리는 그 말로만 듣던 불법체류자가 됐을 것이다. 서류가 준비됐으니 이젠 우즈베키스탄을 빠져나가는 일만 남았다.

국경이 가까워지자 멀리서부터 길게 늘어선 대형트럭 행렬이 눈에 들어왔다. 긴 자동차 행렬의 틈을 뚫고 검문소가 있는 곳에 도착하자 이젠 길게 늘어선 사람들이 보였다. 맨 뒤에 자리를 잡고 우리 순서가

오기를 기다리는데 웬걸, 우리 앞에 있는 사람들 중 반대쪽으로 넘어가는 사람보다 퇴짜를 맞고 돌아오는 사람이 더 많은 게 아닌가.

옆에 있는 트럭 기사가 영어를 하길래 입국심사가 어떤지 물어봤다. 한숨부터 쉬는 것이 표정만 보더라도 대략 짐작이 갔다. 필요한 서류가 완벽하게 구비되지 않으면 절대로 들여보내주지 않는단다. 게다가 차량으로 통과하는 경우 까다롭게 심사를 하다 보니 시간이 오래 걸려 자기 차례가 돌아오는데 보통 며칠은 걸린단다.

물론 걸어서 국경을 건너는 사람이 그리 많지 않아 우리는 한 시간 정도 기다린 끝에 심사를 받았다. 필요한 서류는 다 준비한 덕분에 1차 심사는 쉽게 통과할 수 있었으나 검색대에서 30분 동안 짐을 수색당했다. 보통 다른 국경에서는 폭발물, 무기류 등의 위험물이 있는지만 보는데 여기는 달랐다. 물통에 진짜 물이 들었는지, 지갑에는 돈이 얼마나 들어 있는지는 왜 확인하는지 모르지만, 마치 무언가를 찾아내겠다는 강한 의지를 갖고 있는 듯 보였다.

그러나 가방을 더 깊숙이 뒤질수록 그 속에서 나오는 건 내가 깊숙이 숨겨놓은 냄새가 진동하는 속옷뿐이었다. 구멍이 숭숭 뚫려 있는 팬티가 나오자 그제서야 그 강한 의지가 조금씩 꺾이기 시작한 듯 보였다. 그 알뜰한 속옷이 아니었다면 30분을 훌쩍 넘겼을지도 모른다.

그렇게 우리의 모든 것을 보여주고 드디어 중앙아시아의 북한, 투르크메니스탄의 땅을 밟았다. 반대쪽으로 나오자 중년 남성이 우리에게 다가와 우리 이름이 적혀 있는 쪽지 하나를 보여 주었다. 이분이 영국에서 섭외해 준 현지 가이드였다.

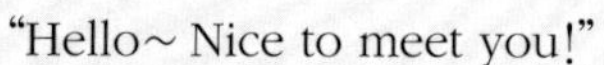

"Hello~ Nice to meet you!"

잘 보여야 하나라도 더 알려주겠다 싶어 먼저 반갑게 인사를 건넸다. 끄덕끄덕. 돌아오는 것은 그저 싱그러운 미소와 끄덕임뿐이었다.

"Do you speak English?"

도리도리. 영어를 못하는 가이드라. 그러고 보니 첩보영화에 블랙요원으로 나올 법한 인상착의다. 지극히 평범한 시골아저씨처럼 보이지만 눈빛은 살아 있었다.

우리는 그렇게 말이 안 통하는 가이드의 차를 타고 달리기 시작했다. 국경지대를

벗어나자 고운 모래가 가득한 사막이 시작됐다. 모래 입자가 얼마나 고운지 작은 바람에도 쉽게 날려 도로 위가 온통 흙먼지로 뒤덮여 있었다. 가도가도 보이는 것이라고는 모래뿐이었다.

"Where are we going today?"

조심스럽게 다시 질문을 했다.

"Yes…."

음, 예스라… 그런 도시가 있을 리는 없을 테고 그냥 말 시키지 말라는 뜻으로 받아들였다. 해가 저물어갈 무렵 우리는 드디어 작은 마을에 도착했다. 여기서 하룻밤 자고 내일 아침 다시 이동을 한단다. 블랙요원이 그렇게 하라는데 어쩌겠는가.

입구에 책상 하나를 갖다놓은 것으로 봐서는 여기가 프런트인 것 같다. 근처에 식당이 있냐는 질문에 저녁에는 밖에 나가면 안 된단다. 이건 뭐 우리가 여행을 온 건지 어디 후송당하고 있는 건지 갈수록 답답하기만 했다. 수도 아시가바트에 도착하면 당장 한국대사관부터 찾아가 이야기를 좀 들어봐야겠다는 생각이 들었다.

숨겨진 엘도라도

드디어 수도 아시가바트에 도착했다. 지금까지 수많은 도시를 가봤지만 이런 느낌은 처음이었다. 도시에 진입하는 순간 입이 쩍 벌어져 다물어지지가 않았다. 다른 도시에 도착했을 때는 "우와!" "이야!" 정도의 감탄사가 나왔다면, 이번에는 그냥 "꺅!"이 가장 어울릴 것이다.

아시가바트를 어떻게 표현하면 이 느낌이 전달될까. 자, 상상해 보자. 피사의 탑 정상까지 수백 개의 계단을 걸어서 올라갔는데가능하다면 꼭대기에 생뚱맞게 PC방이 있다? 아니면 강원도 산골에 있는 어느 한 마을의 화장실에 들어갔는데 호텔 스위트룸 화장실 같은 인테리어가 되어 있다? 말도 안 되는 소리! 그렇다. 그곳에 있어서는 안 될 그런 것이 있었다.

도대체 사막 한가운데 어떻게 이런 도시가 있을까. 아시가바트는 전혀 연관성이 없는 일이 펼쳐지는 꿈에서나 나올 법한 그런 도시다. 르네상스 시대의 건축가들이 살아서 돌아온 것 같은 분위기가 물씬 풍기는 건물들이 어마어마한 크기로 지어져 있고, 거리는 휴지 한 조각조차 찾아보기 어려울 정도로 깔끔했다.

다른 도시에서와는 달리 아시가바트 내에서는 자유관광이 가능했다. 즉 가이드의 감시 없이 외국인이 혼자 돌아다닐 수 있다는 뜻이다. 하지만 개인 감시자가 없을 뿐이지 절대로 자유가 허락되지는 않는다. 한번은 중앙시장을 들렀는데 그 깔끔한 모습에 놀라지 않을 수 없었다. 고기와 야채, 과일, 향신료 등을 파는 시장바닥에 휴지 조각 하나 눈에 띄지 않았다. 이 모습을 카메라에 담기 위해 셔터를 누르는 순간, 어디서 나타났는지 정육점 직원 한 명이 나의 어깨를 툭툭 치더니 방금 찍은 사진을 지우라고 하는 게 아닌가!

경찰복을 입고 있지 않아도 일반시민들 가운데 비밀경찰이 있었다. 철저한 감시와 구속이 시장바닥을 깨끗하게 유지할 수 있는 비결이었다. 재래시장이 이 정도이니 다른 곳은 어떻겠는가. 이 사진은 2층에서 다시 몰래 찍은 컷이다.

보면 볼수록 궁금증만 더해 갔다. 우리는 한국대사관을 찾아가 설명을 들어보기로 했다. 무슨 영문인지 대사관 입구에 들어서자 직원들이 모두 한자리에 모였다. 대사관이 설립된 이후 이곳을 방문한 여행객은 우리가 처음이란다.

한국에는 투르크메니스탄이 워낙 알려지지 않은데다 입국 절차가 몹시 까다로워 이곳으로 오는 여행객이 없는 것 같다는 것이 직원들의 설명이었다. 친절한 직원들 덕분에 우리는 그동안 참아왔던 궁금증을 모두 해소할 수 있었다.

초대 대통령이자 몇 년 전에 사망한 니야조프는 자신을 신격화하고 국민들로 하여금 자신을 숭배하게 하였다. 도시 곳곳에 자신의 동상황금동상을 세우고 '루흐나마' 라는 경전을 발간하여 읽게 만들었다. 한 외국인의 말에 따르면 이 경전은 거짓말투성이란다. 대통령 자신의 업적을 과대포장하고 투르크메니스탄의 역사를 거짓으로 서술하여 사람들로 하여금 그렇게 믿도록 만들었단다. 그런데 우리나라로 따지면 수능시험 문제가 이 책에서 출제된다고 하니 읽는 수준이 아니라 완전 암기를 해야 하지 않을까 싶다.

북한과 비슷한 체제를 가지고 있는 나라가 그것도 국토의 90%가 사막인 나라가 어떻게 수도를 이렇게 건설했을까? 원유 매장량 세계 5위, 가스 매장량 세계 3위, 광물자원 매장량 세계 3위…. 이를 개발할 기술이 없어도 외국 자본이 들어와 알아서 돈을 주고 캐간다고 한다.

그럼 국민의 생활은 어떨지 한번 상상해 보자. 가스 무료! 전기 무료! 대중교통 무료! 단돈 몇천 원이면 비행기 이용 가능! 기름 1리터에 40원! 와우! 짐싸서 이민 갈까? 그럼 이건 어떨까? 지방 병원 폐쇄, '아프면 수도로 와!' 2001년 연극, 영화 등 예술 공연 관람 금지! 2004년 장발과 수염, 금니 금지! 가수의 립싱크 금지!

물론 현 대통령이 새로 부임하면서 니야조프의 이런 정책의 일부를 수정했지만, 아직까지도 해외 서적의 반입을 차단하고 국내 자료의 해외 반출을 엄격히 제한할 정도로 국민을 통제하고 있다.

도시 곳곳에는 분수와 공원이 잘 조성되어 있는데 거리에서는 일반 시민들을 찾아보기 어렵다. 경찰의 감시 때문에 외출을 잘 하지 않는다는 것이다. 도시 전체에 20m마다 경찰이 서 있고, 주요 장소에는 감시카메라가 설치되어 있다.

쓰레기 무단투기하다 걸리면 벌금, 싸우다 걸리면 벌금, 제한된 곳에서 사진 찍다 걸리면 벌금…. 벌금도 몇만 원 단위가 아니라 몇십

만 원대다. 이 정도의 금액은 이들의 임금을 생각해 봤을 때 벌금 몇 번 내다간 파산할 수준이다. 국가에서는 국민에게 많은 지원을 해 주고 있지만 정작 제일 중요한 자유를 빼앗아 버린 것이다. 10년 동안 청소부로 일하면 국가에서 집을 지원해 주지만 청소부로 일을 하지 않으면 집을 사기 힘든 곳, 그곳이 투르크메니스탄이다.

김태희와 송혜교

우즈베키스탄에서는 김태희가 밭을 갈고 송혜교가 논을 맨다는 이야기는 누구나 한 번쯤 들어봤을 것이다. 그만큼 미인이 많다는 얘긴데, 실제로 가 보니 송혜교와 김태희 같은 여자는 없었다. 단지 유전적으로 눈이 크고 눈썹이 짙어서 예쁘장한 여자들이 많을 뿐이다.

한국 드라마를 많이 접한 우즈베키스탄 사람들은 오히려 한국 여자들을 다 미인이라고 생각하고 있었다. 그러나 우리가 찾던 김태희와 송혜교는 우즈베키스탄이 아닌 투르크메니스탄에 숨어 있었다.

이 사람도 미인, 저 사람도 미인, 심지어 재래시장에서 생선을 파는 아주머니도 미인이시다. 투르크메니스탄 여인들의 미모를 두 부류로 나누면 '그냥미인'과 '정말미인' 정도로 구분할 수 있을 것 같다. 사진은 떨려서 찍지 못했다.

미치도록 감사하다

아제르바이잔의 수도 바쿠에 도착했다. 그런데 자전거가 말썽이었다. 뒷바퀴 축이 흔들리고 기어가 마음대로 바뀌어 버린다. 바쿠에서 자전거 가게를 찾거나 부품을 한국에서 공수해 와야 한다. 하지만 한국처럼 어디나 자전거 가게가 있는 게 아니다. 특히 아제르바이잔에서는 돈 없는 사람들만 타는 것이 자전거라는 인식이 있어 생활용 자전거를 파는 가게 외에는 다른 곳을 찾을 수가 없었다.

이 사실 하나를 알아내는데도 엄청난 노력과 시간이 필요했다. 그래서 도움을 받기 위해 찾아간 곳이 게스트하우스를 운영하는 송 목사님 댁이다. 한국 여행객들을 위해 게스트하우스를 운영하고 있지만 우리가 방문했을 당시에는 빈방이 없다고 했다.
"혹시 마당은 없어요?"
그렇게 우리는 도심 한가운데서 텐트를 치고 공짜로 며칠을 보냈다.

게스트하우스에 짐을 풀고 본격적으로 바쿠 시내를 샅샅이 뒤지기 시작했지만 자전거 전문가게는 없었다. 한국에서 부품을 항공편으로 보낸다고 해도 일주일 정도는 걸린단다. 할 수 없이 다음 목적지인 조지아의 수도 트빌리시까지 그냥 타고 가기로 했다.

비록 자전거 문제를 해결하지 못하고 바쿠를 떠나게 됐지만 이곳에서는 해결할 수 없는 일이라는 사실을 알았다는 것만으로도 마음은 든든했다. 만일 송 목사님의 도움이 아니었으면 우리는 같은 결론에 도달하기까지 몇 배의 노력과 시간을 허비했을 것이다. 하긴 MTB를 타지 않는 곳에서 그 부품을 찾고 다녔으니….

며칠간 무료로 숙식을 제공해 주신 송 목사님 가족은 게스트하우스를 빠져나오는 날까지 우리를 챙겨 주셨다. 된장과 고추장, 라면, 누룽지, 심지어 박카스까지. 오히려 더 많이 못 줘서 미안하다고 했다. 여행객에게 필요한 것들만 골라서 챙겨 주신 송 목사님 댁은 절대로 잊지 못할 것이다. 진심으로 감사드린다.

반바지 때문에

자전거 부품가게를 찾아 걸어서 바쿠 시내를 돌아다닐 때였다. 마주치는 사람마다 우리한테서 시선을 떼지 못하는 것이 느껴졌다. 자전거를 타고 있는 것도 아니고 그렇다고 동양인을 찾아보기 힘든 것도 아닌데 왜 유독 우리만 쳐다보는 것일까.

저녁에 송 목사님 자녀를 만나고서야 그 이유가 내 반바지 때문이라는 사실을 알았다. 이곳 아제르바이잔에서 남자는 절대로 반바지를 착용하지 않는단다. 종교적인 이유에서라는데 간혹 반바지 차림의 외국인이 보이면 일부로 째려보며 로마법을 따르라고 눈빛으로 이야기하는 것이란다.

아제르바이잔에서 특이한 것은 반바지뿐만이 아니었다. 그간 거쳐온 곳에서는 남자 둘만 만났다 하면 그 자리에는 항상 술이 있었다. 하지만 이곳에서는 술을 마시는 사람들이 없었다. 야외 카페에 남자들이 삼삼오오 모여앉아 흔히 한국에서 말하는 된장남들처럼 차를 마신다. 덩치에 맞지 않게 작은 찻잔을 들고 신나게 수다떠는 남자들은 이곳 아제르바이잔에서밖에 볼 수 없을 것 같다.

가시잡초의 습격

자전거가 정상이 아니라서 내가 100의 힘을 주면 자전거에는 30밖에 전달되지 않았다. 그런데다 바람이 정면에서 하루 종일 불어대는데 타이어 펑크까지 자주 났다. 펑크의 범인은 바로 이 녀석, 몽골 사막에서 자주 등장하던 가시잡초다.

펑크의 원인은 여러 가지가 있다. 유리조각, 못, 스테이플러, 뾰족한 돌 등.

하지만 이 중에서 펑크 난 곳을 찾는 작업을 가장 힘들게 만드는 녀석은 바로 가시잡초다. 튜브를 물에 담가도 그 미세하게 올라오는 공기방울 구멍을 찾는 것은 결코 쉽지 않았다.

상상만으로도 즐거운 것

장기간 여행을 하는 사람들은 대부분 대기업으로부터 후원을 받는단다. 그러나 우리 후원자는 가족과 친구들!

그래도 혹시나 하는 마음에 송 목사님이 챙겨 주신 박카스와 함께 사진을 찍어봤다. 광고로도 활용 가능할 듯하다.

동아제약 관계자로부터 연락이 올 리가 없겠지만, 상상만으로도 즐거운 일들이 있다.

박카스
D
Bacchus-D

조지아, 나만의 색채로 그리다

조지아. 우리에겐 러시아와의 영토 분쟁으로 매스컴을 통해 자주 전해들은 꽤 익숙한 이름이다. 그럼에도 사람들의 모습이라든지 그들의 문화에 대해서는 떠오르는 것이 없다. 물론 여행 전에 방문 국가에 대해 공부를 하면 현지 문화를 빨리 배울 수 있고 어이없이 실수하는 일은 없을 것이다.

하지만 우리가 여행기나 가이드책을 통해 사전에 입수할 수 있는 정보는 전부 누군가에 의해 쓰여진 것이다. 그것도 아주 주관적으로. 때로는 사전 지식 없이 떠나보는 것도 매력 있는 일인 것 같다. 선입견 없이 보고 느낀 그대로 백지 위에 그 나라의 모습을 자신만의 색깔로 묘사할 수 있기 때문이다.

내가 그린 조지아의 그림은 이렇다. 우선 대외적으로 보여 주기 위해 인위적으로 조성한 것이 없다. 우즈베키스탄의 경우에는 외국 관광객을 유치하기 위해 인위적으로 전통 색채를 내려고 애쓴 티가 났다. 가령 몇백 년 전에 지어졌다는 성벽 모퉁이에 삐져 나와 있는 철근과 시멘트는 "몇백 년 전에도 철근을 이용해 건물을 지었나?" 하는 의문을 갖게 했다.

하지만 조지아는 달랐다. 오래된 건물은 오래된 대로 멋을 간직한 채 세월의 흔적을 느끼게 해 주었다. 차도 블록의 마모 정도만 보더라도 구시가지와 신시가지를 구별할 수 있고, 강줄기를 따라 늘어선 집들을 보면 조지아의 과거와 발전사를 떠올려 볼 수 있다. 아무도 설명해 주지 않아도 말이다.

구시가지의 가게들은 굳이 네온간판을 달지 않아도 가게 분위기와 그 안에서 풍기는 향기만으로도 무엇을 파는 곳인지 짐작해 볼 수 있다. 놀이동산에는 거대한 청룡열차 대신 작고 아담한 범퍼카가 전부지만 어른 아이 할 것 없이 주말이면 찾아와 한가한 오후를 보낸다.

조지아 사람들은 욕심이 없다. 돈을 많이 벌고자 분수에 맞지 않는 사업을 시작하는 이도 없고, 내년도 예산을 많이 확보하기 위해 멀쩡한 도로를 보수하는 일도 없다. 그저 주어진 환경 속에서 사랑하는 이들과 즐겁게 인생을 천천히 즐길 줄 안다.

세련된 도시를 좋아하는 사람들은 조지아가 낙후되었다고 생각할지도 모른다. 하지만 조지아 사람들은 빌딩이 빼곡히 들어선 도시를 부유하다고 생각하지 않는다. 이들에겐 고층빌딩 대신 수백 년 된 나무들이 있고 비옥한 땅과 살기 좋은 기후가 있다.

현지인의 말에 따르면 신은 조지아인들에게 딱 두 가지 선물을 내렸다고 한다. 최고의 기후와 토양이 그것이다. 우리가 흔히 프랑스가 그 시초라고 알고 있는 와인도 조지아에서 처음 만들기 시작했다고 알려져 있을 만큼 천혜의 자연환경을 자랑한다. 이것이 조지아 사람들이 스스로 부유하다고 자부심을 갖고 여유 있게 인생을 즐기면서 살아가는 이유가 아닐까 싶다.

잊지 못할 추억

'자전거를 타고 가는데 검정 고급 승용차가 옆에 멈춰섰다. 운전기사로 보이는 40대 초반의 남자가 내려 재빨리 뒷좌석의 문을 열어 주었다. 깔끔한 정장차림의 50대 후반 남자가 내리더니 우리에게 다가왔다. 대기업 회장이라고 적혀 있는 명함 한 장을 건네며 여행이 끝나고 회사로 한 번 찾아오라고 했다. 드라마에서나 나올 법한 회장님의 길거리 캐스팅이다.'

이것은 실제로 있었던 일이 아니다. 자전거로 국내여행을 할 때 하루 종일 자전거를 타며 혼자 했던 상상이다. 드라마 소재가 된다는 것은 우리 주위에서 있을 법한 이야기라는 뜻이 아닌가! 하지만 나에게 드라마 같은 일은 일어나지 않았다. 최소한 국내여행을 할 당시에는.

하지만 대기업 캐스팅보다도 더 좋은 일이 조지아에서 일어났다. 지인의 소개로 수도 트빌리시에서 선교를 하고 계신 백 선교사님 댁을 찾아갔다. 선교사님과 사모님은 우리를 반갑게 맞이해 주고 고생한다며 기꺼이 침실까지 내주셨다. 모든 것이 완벽해 보였다. 무료로 제공되는 숙소와 식사 그리고 친절한 가이드까지.

그런데 한 가지 문제가 있었다. 백 선교사님은 기독교를 전도하기 위해 조지아에 오셨기에 아침 기도로 하루를 열고 잠들기 전에는 거실에

모여 성경공부를 하며 하루를 마무리했다. 나는 천주교 신자이고 형은 종교가 없었다. 이 먼 곳까지 선교를 하러 오셨으니 또 얼마나 열정적이겠는가!

하지만 솔직히 말해 너무나 괴로웠다. 물론 천주교 신자로서 그러면 안 되는 줄 알지만 심적으로 힘들 때 하느님을 찾는 것이 인간 아닌가. 지금은 그런 위안이 필요한 시기가 아니었다. 하느님이 창조하신 자연과 세계에 흩어져 있는 형제자매들을 만나러 다닐 때다. 우리에게 가장 필요한 것은 선교사님 댁에서 구출해 줄 구원의 손길이었다.

일요 예배를 드리기 위해 한인 10여 명이 모였다. 그 중에는 '문 회장님'과 '신 사장님'이라는 두 분이 계셨다. 선교를 하기 위해 온 다른 한인들과는 달리 사업차 조지아에 오셨단다.

예배가 끝나고 돌아갈 준비를 하고 있을 때 문 회장님이 선교사님에게 무슨 얘기를 하시더니 돌아서서 구수한 말투로 우리를 향해 외쳤다.
"자네들 나랑 좀 놀아줘야쓰겄다."
역시 사업을 하는 사람의 눈치는 대단했다. 우리가 선교사님 댁에서 어떻게 지내고 있을지 알고 있었던 것이다.

두 분의 집은 베벌리힐스에 있어야만 할 것 같은 대저택이었다. 방이 몇 개인지 가늠이 가지 않을 정도였고 지하에 탁구대까지 갖춰져 있었다. 식사 시간이 되자 부엌에서 김 여사님이 갈비찜과 잡채, 감자전, 생선구이 등 한상 차려놓고 기다리고 있었다. 김 여사님은 한국에서

잘나가는 식당을 운영하셨는데 음식솜씨가 좋아 문 회장님이 여기까지 모시고 온 분이라고 했다.

신 사장님은 어렸을 적부터 문 회장님과 형 동생 하던 사이로 함께 사업을 하고 계셨다. 한국에서부터 이런 회장님과의 만남을 학수고대해 왔는데, 그분을 조지아에서 만나다니 얼마나 기쁜 일인가!

회장님은 우리와 함께 즐길 수 있는 것을 생각해 냈다며 제안했다. '스포츠 5종 경기.' 오목, 낚시, 탁구, 골프 그리고 술이 그것이었다. 나는 회장님과 한 편이 되고 형은 신 사장님과 한 편이 되어 이기는 쪽이 소원을 들어주는 것이 상품이었다.

5종 경기는 2박3일에 걸쳐 진행되었다. 낚시를 하기 위해 4시간 운전해서 조지아에서 가장 예쁘다는 호수를 찾아가고, 골프장이 없어 드넓은 초원 위에 우산 하나를 꽂아놓고 차를 타고 뒤로 가서 우산을 향해 공을 날리며 꿈같은 시간을 보냈다.

승부를 가리기가 어려워 상품은 없었지만 운동을 마치고 집으로 돌아오면 김 여사님이 어김없이 진수성찬을 차려놓고 기다리셨다. 그렇게 우리는 문 회장님 덕분에 조지아에서 잊지 못할 추억을 한 가지 더 얻었다.

하차뿌리

특정 나라에 가면 꼭 맛봐야 하는 요리가 있다. 솔직히 요리보다는 간식거리들밖에 없지만. 지금까지는 김치찌개처럼 한국이 아니면 다른 곳에서는 맛볼 수 없는 그런 음식은 별로 없었다. 하지만 조지아에는 이곳에서밖에 맛볼 수 없는 음식이 있다. 그 주인공은 '하차뿌리' 다.

요리라고 해서 거창할 거라고 생각했다면 모양을 보고 조금 실망할 수도 있을 것이다. 그러나 조지아 사람들은 치장하는 것을 별로 좋아하지 않는다는 사실을 잊지 말자.

하차뿌리는 화덕에 구운 빵인데 피자의 크러스트처럼 속에 치즈가 들어 있는 요리다. 구수한 밀가루향과 담백한 치즈맛의 조화가 정말 일품이다. 음식 맛을 말로 형용하는 것이 이리도 어렵다는 사실을 일깨워 주는 그런 맛이니, 꼭 현지에서 한 번 도전해 보라고 추천하고 싶다.

스탈린이 타던 열차

조지아의 수도 트빌리시에 60km 쯤 가면 스탈린이 태어난 '고리' 라는 곳이 나온다. 여행을 하다 보면 정말로 새로운 사실들, 놀라운 사실들을 많이 발견하게 되는데, 이것도 그 중의 하나다.

자전거를 타고 달리는데 이정표에 '스탈린 생가' 라는 표시가 있어 바로 핸들을 꺾었다.

생가 옆에는 작은 박물관과 스탈린이 실제로 타고 다니던 열차가 전시되어 있다. 너무 궁금해서 거금 5천 원을 주고 열차 안에 들어가 봤는데 그렇게 럭셔리하지는 않았다.

돈이 아깝다는 생각이 들었지만 '스탈린이 타고 다니던 열차를 구경해 본 한국 사람이 몇이나 될까?' 여기에 만족해야 했다.

LANCE
VITESSE

브라더, 브라더

열심히 달리고 있는데 뒤에서 누가 부르는 소리가 들렸다. 앗, 자전거 여행객이었다. 오랜만에 만나는 동지들이라 무척 반가웠다. 식당에 있다가 우리를 보고 쫓아왔는데 우리 속도가 너무 빨라서 힘들었다고 붕 띄워 주기까지 했다.

이란에서 온 친구들. 코리아에서 왔다니까 남인지 북인지 묻지도 않고 그저 우리는 브라더란다. 지금 이슬람교에선 '라마단' 기간이라 도피여행을 왔다고 한다. 이 기간에 모든 이슬람교도는 해가 떠 있는 동안 금식은 물론 금욕생활을 하는데, 노약자와 임산부 그리고 여행자들은 대상에서 제외된단다.

이들은 금욕생활이 싫어서 조지아로 여행을 왔다는데, 짐을 끈으로 묶어 자전거에 고정시켜 놓은 것을 보니 초보인 게 분명했다. 아니나 다를까, 자전거 바퀴는 짐의 무게를 견디지 못하고 이미 휘어져 버렸다. 몇 년 전 아무것도 모른 채 국내여행을 하던 기억이 새록새록 떠올랐다. 안타까운 마음에 연장을 꺼내 휘어진 바퀴부터 수리해 주고 삐걱거리던 체인에 기름칠도 해 주었다. 이런 모습을 옆에서 지켜보던 이란 친구들이 감탄사를 연발했다.

서로 방향이 달라서 어떻게 할까 고민하다 그냥 일찍 텐트를 치고

같이 하룻밤을 보내기로 했다. 해가 저물어가자 이들은 저녁 식사를 준비하려는지 코펠과 버너를 꺼냈다. 우리도 뭐든 대접해야겠다는 생각에 아껴놨던 비상식량, 고추장비빔밥을 꺼냈다. 혹시나 고기를 구워 주지 않을까 하는 기대를 했지만 안타깝게도 이들이 준비한 것은 콘스프가 전부였다. 그래도 이들 덕분에 이란의 콘스프는 한국에서 먹는 것과 맛이 똑같다는 사실을 알게 됐다.

저녁을 나눠 먹으며 이야기를 하던 중에 한 친구가 이상한 말을 했다.
"우리는 똑같이 핵폭탄을 보유한 국가라는 공통점이 있네요."
아마도 코리아라고 했을 때 그냥 북한으로 오해를 한 것 같았다. 지금까지 서로 "브라더 브라더" 하며 지냈는데 여기서 남한이라고 밝히면 굉장히 어색해질 수도 있겠다는 생각이 들었다. 그리고 왠지 모르게 불안에 떨며 잠을 자야 할지도 모르겠다는 느낌마저 들었다. 그래, 때로는 모르는 게 약일 수도 있지. 그렇게 우리는 잠시 애국자이기를 포기한 채 대화를 이어나갔다.

진짜 바다, 흑해

여행을 시작한 지 5개월을 넘긴 시점에서 정말 씨Sea다운 씨를 처음 본 '포티 항.' 그동안 바다처럼 보이는 거대한 호수는 많았지만 진짜 바다를 만난 것은 흑해가 처음이다.

지도를 보면 마치 내륙에 있는 호수 같지만 터키를 통하여 지중해와 연결되어 있는 엄연한 바다다. 이를 확인하기 위해 직접 들어가 수영도 해 보고 물맛도 보았는데 진짜 바다가 틀림없다.

이제 흑해 연안을 따라가다 보면 터키를 통해 유럽으로 진입할 수 있을 것이다. 관광객을 위해 이렇게 대형 포스터를 만들어 놓은 것을 보면 유럽이 가까워졌다는 것을 실감할 수 있다. 우리 여행도 중후반부로 접어들었다. 기쁘면서도 아쉬움이 든다는 것은 여행을 제대로 즐기고 있다는 증거다.

Tourbike 파이팅!

투르키아

'형제의 나라'로 잘 알려진 터키, 하지만 그곳에 우리가 상상하던 그런 형제들은 없었다. 우리가 터키에 도착했을 때는 '라마단 기간'이었다. 이슬람교를 믿는 사람이라면 한 달 간 일출에서 일몰까지 의무적으로 금식을 하는 기간이다.

음식뿐만 아니라 담배, 물, 성관계까지도 금지되어 신앙심이 깊은 흑해 연안 사람들은 침조차 삼키지 않는다. 말을 하다 보면 침을 삼켜야 하기 때문에 아무리 질문을 해도 대꾸조차 하지 않는 게 흑해 극동지방 터키 사람들이었다.

식사를 제대로 하지 못한 사람들은 무기력한 좀비마냥 길거리를 서성거렸다. 먹는 사람이 없으니 당연히 문을 연 식당도 없다. 말 그대로 홀로서기. 길도 알아서 찾고 식사도 알아서 다 해결해야 했다.

그래, 식당에서 음식을 팔지 않는다고 굶을 우리가 아니지! 제한된

재료로 우리는 다양한 음식을 해 먹었다. 아침에는 바게트빵에 초코잼을 발라 먹고, 점심때는 만들기 쉬운 다양한 국과 밥을 먹었다.

감자와 양파 그리고 계란을 넣은 감자국! 계란과 감자 그리고 양파를 넣은 계란국! 양파와 계란 그리고 감자를 넣은 양파국! 뭐 다 똑같은 국이라고 할 수 있지만 어떻게 마음을 먹느냐에 따라 그 맛도 다르게 느껴질 수 있다는 놀라운 사실을 발견했다.

대신 저녁엔 바닷가에 텐트를 치고 근사한 저녁을 해 먹었다. 닭 한 마리 사서 양파와 마늘, 후추, 소금 그리고 인삼차포포인트를 넣어 삼계탕을 해 먹기도 하고, 닭날개를 사서 핫윙을 만들어 먹기도 하고, 닭볶음탕, 후라이드 치킨 등 한때 닭요리가 먹고 싶어 닭으로 만들 수 있는 요리는 다 해 본 것 같다.

닭요리가 질릴 때쯤 감자전이 생각났다. 그런데 슈퍼에 들렀더니 5kg짜리 포대가 가장 작은 거란다. 그래도 먹고 싶은 것은 먹어야

지. 우리는 감자 5kg를 사서 감자로 할 수 있는 요리는 다 해 봤다. 감자전, 감자튀김, 감자구이…. 서로 '황셰프,' '김셰프'라 부르며 요리 삼매경에 빠져 결국엔 그 무겁다는 프라이팬까지 사고 말았다.

감자전을 해 먹어서일까, 갑자기 비가 억수같이 쏟아지기 시작했다. 일주일가량 계속 퍼붓는 비로 인해 모든 장비가 젖어 방수기능을 상실해 버렸다. 텐트, 침낭, 메트, 옷, 신발, 양말, 모든 것이 축축했다. 그래도 자전거는 타야지.

우리는 그냥 물기가 가득한 짐을 싸서 일단 출발했다. 그러다 해가 뜨면 적당한 장소를 찾아 젖어 있는 장비를 꺼내 햇볕에 바짝 말렸다. 그러나 낮에 기껏 말렸는데 오후에 또 비가 오는 경우가 허다했다. 그럼 저녁에 불을 피워 놓고 다시 말렸다.

신발과 양말은 건조 대상 1순위. 옷은 젖은 채로 입고 있으면 금세 마르지만 신발은 정말 잘 마르지 않는다. 이렇게 말리고 잤는데 밤새 또 비가 와서 다시 다 젖어 버려도 누구를 원망할 수는 없다. 이것도 여행의 일부인걸.

흑해 한 해변에서의 일기

세상의 모든 것은 상대적이다. 차가운 것은 뜨거운 것에 비해 차갑고 뜨거운 것은 차가운 것에 비해 뜨거운 것이다. 그 어떤 것도 비교할 상대가 없으면 그것의 진짜 가치는 알 길이 없다.

자전거로 여행을 한다고 하면 어떤 사람들은 이렇게 말한다. "왜 힘들게 자전거로 하냐고." 그럼 나는 간단히 "힘든 만큼 보람도 있어요"라고 답한다. 이 '보람'이라는 두 글자 속에는 뿌듯함과 기쁨

그리고 행복이 내포되어 있다.

자전거로 여행을 하면 실제로 사람들이 생각하는 것보다 더 힘들다. 허리, 어깨 등 통증이 느껴지지 않는 곳이 없고, 여름엔 덥고, 겨울엔 춥고, 비를 맞으면 찝찝하다. 그러나 추운 겨울 따뜻한 이불 속에 들어갔을 때를 상상해 보라. 얼마나 행복한 순간인가! 힘들게 여행을 하면 이런 행복한 순간들이 자주 온다. 무더운 날씨에 마시는 얼음물 한 모금의 행복, 열흘 만에 샤워했을 때의 행복, 며칠을 달려 멋진 바다에 도착했을 때의 행복. 이런 행복한 순간에는 이 세상 누구도 부럽지 않다.

그래서 나는 내일도 남들이 말하는 힘든 자전거 여행을 계속할 것이다. 최종 목적지인 포르투갈에 도착한 이후 한국으로 돌아와 사랑하는 가족의 품에 안기는 마지막 행복한 순간을 만끽하기 위해서 말이다.

남의 나라 오지탐험

해안도로를 따라가다 터키 중간쯤에서 내륙으로 들어가기 위해 국도 하나를 골랐다. 그런데 한 10km쯤 달렸을까, 주민 한 명이 우리를 부르더니 이쪽으로 가면 길이 없단다. 우리는 지도를 보여 주며 "이 국도가 여기 아니에요?" 하고 물었다. "맞긴 맞는데 산길이라 자동차도 이쪽으로 다니지 않는다"는 것이 그의 답변이었다.

어차피 내륙으로 들어가려면 언젠가는 산맥을 하나 넘어야 하기에 우리는 그냥 결심한 대로 밀어붙이기로 하고 산길로 진입했다. 그런데 산길의 경사가 점점 가팔라지더니 앞바퀴가 들릴 지경까지 이르렀다. 근 6개월간 단련된 허벅지가 이 정도에 굴복할 리 없지만, 어떻게 정상까지 올라갔는지는 기억이 나질 않는다. 거의 코마 상태로 페달을 밟았던 것 같다.

정상에 다다르자 묘한 분위기의 풍경이 펼쳐졌다. 비포장도로가 시작되고, 산길 옆에는 복분자 넝쿨이 쭉 이어지고, 골짜기 아래로는 작은 계곡이 흐르고, 산에는 솔잎 향기가 가득했다. 인적이 없어 여기가 터키인지 한국인지 착각할 정도였다. 들리는 것이라곤 물 흐르는 소리와 바람소리, 그리고 간혹가다 들리는 짐승소리밖에 없었다.
"우리가 어쩌다 남의 나라 이런 오지 산골까지 오게 됐지?"
형의 말에 나는 그저 "그러게요"라는 싱거운 답변밖에 하지 못했다.

바로 오늘 아침까지만 해도 해변에서 밥을 먹고 파도치는 소리를 들으면서 달렸는데.

우리는 반패닉 상태에 빠져 그냥 일단 보이는 복분자부터 따먹기 시작했다.

상상은 금물!

자전거를 타는 사람에게 이처럼 반가운 표지판이 또 있을까 싶다. 앞으로 내리막길이 13km나 이어진다니. 굳이 페달을 밟지 않아도 공짜로 순간이동을 할 수 있다는 의미다. 그러나 내리막이 오르막보다 더 힘들다는 사실을 터키의 오지에서 알게 되었다. 자전거 고장도 아니고 다른 차 때문도 아니고 컨디션 때문도 아닌데 어떻게 내리막이 힘들 수 있을까. 그것은 우리도 예상치 못한 안개 때문이었다.

태어나서 그렇게 심한 안개는 처음 보았다. 정말 사물이 코앞에 오기 전까지는 아무것도 보이지 않아 절대로 속도를 낼 수가 없었다. 브레이크를 잡은 손가락 힘만으로 자전거와 짐 그리고 내 몸무게를 합쳐 100kg이 훌쩍 넘는 무게를 속도가 붙지 않도록 저지해야 했다. 그것도 13km의 장거리 경사로가 끝날 때까지.

전에는 오르막은 무조건 싫고 내리막은 무조건 좋은 것이라 생각했다. 하지만 오히려 천천히 오르막을 오르고 있을 때 지나가던 현지인들부터 호의를 받은 경우가 많았다. 반면 대부분의 사고는 내리막을 달리면서 일어났다. 이런 이치는 인생살이에서도 똑같이 적용됐던 것 같다. 방심하고 있을 때 좋지 않은 일들이 생기고, 힘든 일을 헤쳐나갈 때 좋은 추억거리들이 많이 쌓였던 것처럼.

13 Km.

Welcome to Turkey

멀리 맥도널드 간판이 보이자 나는 간판을 손으로 가리키며 환호성을 질렀다. 그 순간 뒤에 따라오던 차량 한 대가 앞에 멈춰서더니 안에서 대뜸 "Welcome to Turkey!" 하며 젊은 친구가 내렸다. 이 한 마디는 세상의 어떤 칭찬보다도 우리를 행복하게 했다. 그리고 "Welcome to McDonald's" 하며 햄버거를 사 주겠다고 했다.

한 달간 계속된 라마단 기간 때문에 아무것도 사 먹지 못한 우리에겐 꿈만 같은 일이었다. 그런 우리를 위한 알라의 작은 배려였을까. 라마단이 끝나는 날 우리는 맥도널드를 지나쳤고, 우리를 대견하게 여긴 젊은 친구가 딱 그 순간 우리를 발견한 것이다. 그날 나는 빅맥을 먹고 눈물을 흘릴 뻔했다.

양옆에 있는 나무들이 소나무라면 믿겠는가.
마치 러시아의 자작나무처럼 곧게 하늘을 향해 뻗어 있는 소나무.
터키의 소나무는 추파춥스처럼 늘씬하다.

그런데 더 놀라운 사실은 이 소나무의 종자를 한국에서 들여왔다는 것.
외화벌이를 위해 유럽으로 간호사를 파견하던 시절
소나무 종자도 함께 바다를 건너왔다고 한다.
일자로 자라기 때문에 가구 재료로 인기가 좋다니 우리가 다 뿌듯했다.

Welcome to Turkey!

유럽에 들어간다는 것

몽골, 러시아 그리고 중앙아시아 여러 국가를 거치면서 유럽에 대한 기대는 커져만 갔다. 상대적으로 후진국에서는 자전거 부품을 구하기도 힘들고 사람들과의 의사소통에도 애를 먹은 적이 많았다. 게다가 우리가 만난 대부분의 여행객은 유럽 사람들이어서 유럽에만 가면 여행에 관심이 많은 사람들을 쉽게 만날 수 있을 것이라 생각했다.

자전거 부품을 구하기 위해 도시를 뒤지고 다니지 않아도 된다면 그만큼 시간을 절약할 수 있을 것이다. 또한 우리 여행에 관심을 가져주는 사람들이 많으면 그만큼 특별한 경험을 하게 될 가능성도 높을 것이다.

그래, 유럽에만 들어가면 고생 끝이다. 조금만 더 힘내자. 불가리아, 60km.

불가리아. 이제 진짜 유럽이다. '유럽에는 볼 게 더 많겠지.'
유럽 입성을 학수고대했건만 불가리아에 입국해 출국하는 순간까지
계속 비가 내렸다. 구경은커녕 우리 머릿속에는
온통 젖은 물건들을 말릴 방법과 지붕이 있는 잠자리를
찾을 수 있을지에 대한 걱정들로 가득했다.
한국에 돌아가서도 '불가리아' 하면 '비',
'비' 하면 '불가리아' 밖에 떠오르지 않을 것 같다.
다음에 여유를 갖고 다시 찾아오라는 깊은 뜻이 있었는지,
불가리아를 빠져나오면서 다시 꼭 와 보고 싶다는 생각이 들었다.

백지에 그리기

루마니아, 친숙하면서도 잘 알지 못하는 나라 중 하나다. 파리에 가면 바게트를 먹고, 에펠탑을 구경하고, 저녁에는 센 강을 따라 산책하고…. 이렇게 해야 할 것이 정해져 있는 곳은 싫다. 그렇다고 파리까지 갔는데 남들 다 하는 것을 해 보지 않고 오는 것도 뭔가 찜찜하다. 그래서 난 루마니아처럼 낯설지 않으면서도 마음 편하게 하고 싶은 것을 해도 되는 그런 곳이 좋다.

특별한 인연, 에디

자전거 부품을 구하기 위해 들른 작은 자전거 가게, 그곳에서 우리는 또 특별한 인연을 만났다. '에디.' 자전거를 너무 좋아해서 어렸을 때부터 집에서 자전거를 만지작거리다 결국 전문가 수준이 됐단다. 자전거를 수리해 주고도 돈을 받지 않으려 하는 그가 이번에는 저녁을 사 주겠다고 나섰다. 결국 자전거 수리에 대한 대가로 저녁은 우리가 사기로 하고, 그곳에서 현지인들이 가장 많이 찾는다는 음식점으로 향했다.

역시 현지 음식은 현지 스타일로 먹는 것이 가장 맛있다. 인테리어는

허름하지만 현지인들 틈에 끼어 현지 음악을 들으며 음식을 먹을 때가 가장 뿌듯하다.

우리는 에디와 저녁을 먹으며 '루마니아'에 대해 자세히 설명을 들었다. 그리고 진짜 루마니아를 제대로 보고 경험할 수 있는 곳들을 소개받았다. 그로 인해 우리 여행 계획은 대폭 수정되었다. 비 때문에 불가리아를 제대로 보지 못한 서운함을 만회할 수 있겠다는 생각에 기쁨을 감출 수가 없었다. 그가 꼭 경험해 보라고 소개해 준 것은 한국으로 따지면 안동 하회마을의 한옥, 마산의 50년 전통 아귀찜, 전주의 30첩 한정식 정도가 되겠다.

봄 여름 그리고 가을

우리는 여행 계획을 대폭 수정하여 에디의 추천을 따라 다시 길을 나섰다. 그런데 웬걸, 시작부터 산 하나를 넘어야 했다. '원래 코스대로였다면 루마니아에서는 오르막을 올라갈 일이 없었는데….' 이런 생각을 하려는 찰나에 주위를 둘러보니 엄청난 경치가 우리를 둘러싸고 있었다. 산 전체가 단풍잎으로 물들어 있고, 흙바닥에서는 촉촉한 나뭇잎 향기가 솔솔 올라왔다.
"아, 이래서 사람들이 가을에 산을 찾는구나!"

그런데 앞을 보니 어르신 한 분이 자전거를 끌고 걸어가셨다.
'자전거가 고장났으면 우리가 도와드려야지.'
"저희가 도와드릴까요?"
우리가 밝은 표정으로 물었다.
"아뇨, 자연을 즐기고 있는 거예요."
어르신은 여유 있는 표정으로 대답하셨다.

우리도 자전거에서 내려 그와 함께 걷기 시작했다. 요즘 한국에서는 가을 단풍을 만끽해 보기도 전에 겨울이 찾아오는데 이곳에는 산책하기 좋은 가을 날씨가 몇 개월간 이어진단다. 따스한 햇살, 촉촉한 공기, 은은한 색채, 시원한 바람. 이곳 루마니아의 가을은 부족함이 없는 그런 축복의 계절임이 분명했다.

"Do you need help?"

"No, I'm just enjoying the nature."

드라큘라의 성

우리는 에디의 말대로 드라큘라의 전설이 처음 시작된 곳, 브란성을 찾아갔다. 아주 먼 옛날에 '브란성' 일대는 도둑질과 약탈이 심하여 사람들이 마을을 떠나기 시작했다고 한다. 이런 악습을 단절시키고자 이곳 통치자로 있던 '드라큘라' 백작이 범죄자들을 아주 잔인한 방법으로 처형하기 시작했단다.

마을에서 사람들이 가장 많이 모이는 광장에 뾰족한 나무기둥을 세워 범죄자들을 통째로 끼워 처형시켰는데, 우연히 이 마을에 들르게 된 영국의 한 작가가 이 모습을 보고 소설을 쓰면서 드라큘라의 전설이 전 세계에 알려지게 된 것이다. 그래서 성으로 들어가는 입구에는 드라큘라 인형, 열쇠고리, 컵, 가면까지 드라큘라와 관련된 온갖 기념품들이 진열되어 있다. 물론 드라큘라를 캐릭터로 귀엽게 만든 것도 있지만 기념품 대부분은 징그러울 정도로 피로 얼룩져 있었다.

하지만 현지인들에게 이 성은 드라큘라 백작의 잔인한 이야기와는 달리 아주 훈훈한 역사를 지닌 곳이다. 드라큘라 백작이 태어나기도 전 이곳은 중요한 군사 요충지로 전쟁이 끊이지 않았던 곳이란다. 그리하여 외세를 물리치기 위해 마을 주민들이 자발적으로 돌을 하나하나 쌓아올려 방어기지를 구축했다고 한다. 그리고 기나긴 전쟁이 끝나고 사람들은 승리를 자축하며 이곳을 개조해 성으로 만들었다고 한다.

그래서 그런지 정문 반대쪽에서는 성으로 들어가는 길을 전혀 찾아볼 수 없고, 구석구석에는 비상계단이 요새처럼 연결되어 있다. 성 안을 구경하다 보면 이 성이 지어질 당시의 긴박한 상황이 그대로 전해진다. 편의를 위해 만들어진 것이 아니라 외세의 침입에 대항하기 위해 철저히 기능 위주로 지어졌음을 알 수 있다. 설계도 하나 없이 지어진 성이기 때문에 유럽에서 흔히 볼 수 있는 정형화된 성과는 전혀 다른 분위기를 느낄 수 있다.

헝가리안 딱지

여행 초기에 들렀던 나라들은 땅덩어리가 넓어 보통 2~3주에 한 번 정도 국경을 지났는데, 유럽에서는 한 달에 두세 번 국경을 통과한다. 루마니아의 가을 정취를 다 만끽하지도 못했는데 이미 헝가리까지 와버렸다.

중앙아시아에서는 길이 별로 없어서 길 찾기가 힘들었는데 유럽에서는 오히려 길이 너무 많아서 고생이다. 이쪽으로 가도 헝가리요, 저쪽으로 가도 헝가리다.

헝가리의 수도 부다페스트로 가는 길 역시 고속도로와 국도가 여러 개 있다. 어떤 길로 갈까 고민하다가 이름이 마음에 들어 유러피안 로드 75번 국도를 선택했다. 수소문 끝에 도로 진입로를 찾았지만 이정표를 보니 고속도로M5와 나란히 붙어 있는 게 아닌가.

"어라~ 고속도로와 붙어 있네? 언젠간 갈라지겠지" 하며 30km 정도 가고 있는데 뒤에서 경찰차가 우리를 붙잡았다.
여긴 고속도로라 자전거는 갈 수 없다며 우리 같은 녀석들은 처음 본단다. 우리는 전날 만났던 덴마크 친구들이 일러준 수법말을 못 알아듣는 척하면 그냥 보내 준다는을 썼다. 그래도 여권은 최소한 알아들어야 했기에 건네줬더니 가벼운 벌금약 2만 원으로 끊어 준단다. 영어를 못하는 척하고 있던 우리는 애원을 하기 시작했다. 그렇게 봐달라고 5분여 매달리니 경찰이 다른 걸로 끊어 버리겠다고 무섭게 나왔다. 한국에 돌아가면 피곤할 거라는.

부다페스트에 가면 마음 편하게 쉬자던 우리는 또 일거리를 만들어 냈다. 덕분에 헝가리에서는 벌금을 우체국에서 낸다는 아주 유익한 정보를 얻었다.

관심받고 싶어요

유럽에만 도착하면 고향에 온 것처럼 모든 일이 술술 풀릴 줄 알았다. 러시아처럼 비포장도로도 없을 것이고, 고장난 자전거 부품도 쉽게 구할 수 있을 것이고, 여행에 관심이 많은 유럽인들로부터 초대도 많이 받을 수 있을 거라 생각했다.

하지만 현실은 정반대였다. 도로 포장 상태는 좋았지만 자전거를 통제하는 도로가 많아서 시골길로 돌아가야 하는 경우가 많았다.

자전거 가게는 많았지만 가격이 비싸고, 자전거 여행객이 넘쳐나서 사람들은 우리에게 눈길조차 주지 않았다. 카자흐스탄에서는 사인도 해 주고 사진도 찍어 주고 다녔는데 이렇게 푸대접을 받으니 서운함이 밀려왔다. 누구든 붙잡고 이야기해 주고 싶었다.
"우리 한국에서부터 자전거 타고 왔어요! 재밌는 에피소드도 많으니까 관심 좀 가져 주세요!"

소원을 말해 봐

여행하며 지금 당장 갖고 싶은 것 두 가지만 말해 보라고 한다면 어떤 것이 있을까? 아마 이에 대한 답변은 이런 여행을 해 보지 않은 사람이라면 절대로 할 수 없을 것이다.

첫 번째는 의자다. 푹신한 소파가 아니라도 괜찮다. 그저 등을 기대고 앉을 수 있는 딱딱한 나무의자라도 좋다. 자전거를 타다가 잠시 쉬거나 식사를 할 때 우리에게 바닥은 곧 식탁이고 의자가 된다. 아무리 푹신한 잔디 위에 자리를 잡아도, 아무리 바위를 끌고 와서 그 위에 앉아 보아도 쭈그리고 앉아 있는 것은 마찬가지다.

매우 불편하다. 엉덩이가 무거워서일까, 남들보다 꼬리뼈가 더 튀어나와서일까. 한 번 앉으면 손을 짚고 일어나는 것도 힘들다. 그래서 앉기 전에 필요한 모든 것을 손 닿는 곳에 비치한다. 식사 준비를 할 때 필요한 재료, 코펠, 버너, 물, 수저, 휴지 등이 나의 주변에 동그랗

게 모여앉아 대기하고 있다. 아무리 철저히 준비한다 해도 꼭 빠뜨린 것이 있어 중간에 두어 번은 일어나야 한다.

이런 생활을 매일, 몇 달씩 계속하다 보니 바닥이 아닌 다른 무언가의 위에 앉고 싶은 욕구가 샘솟는다. 마치 군대에 가면 평소에는 쳐다보지도 않던 초코파이가 미친 듯이 당기듯 여행을 하다 보니 의자가 미친 듯이 그립다. 의자에 앉고 싶다. 의자.

두 번째는 변기다. 비위가 약한 분들은 다음 단락으로 바로 넘어가도 좋다. 한국에서 여행을 한다면 휴게소나 주유소의 화장실을 이용하면 된다. 그러나 땅덩어리가 넓은 곳에서는 휴게소는커녕 며칠 동안 사람 구경도 못한 적이 많다. 특히 몽골 고비사막에서는 8일 동안 사방이 탁 트인 곳에서 볼일을 봐야 했다. 엉덩이를 가려 줄 나무 한 그루조차 없이. 아무리 동고동락하는 사이라지만 볼일 보는 모습을 보여 주기 싫은 것은 둘 다 마찬가지였다. 그래서 자전거를 타다 신호가 오면 조심스럽게 이야기를 한다.
"형, 잠시만요. 신호가 왔는데 잠시 저쪽에 가서 뒤돌아보고 계세요."
형이 고개만 돌리면 바로 보이는 그곳에 쭈그리고 앉아서 신속하게 해결을 한다. 물론 둘 다 먹는 시간과 음식이 똑같아서 신호도 거의 동시에 오기 때문에 등을 맞대고 볼일을 본 경우가 더 많았다.

러시아에서는 자작나무숲에 들어가 가장 굵은 나무를 골라 그 뒤에서 볼일을 봤다. 운이 좋아 카페를 지나갈 때 신호가 온다 하더라도 중앙아시아 대부분의 카페에서는 야외에 마련된 푸세식 화장실을

이용해야 했다. 한 번은 형이 그 밑으로 지갑을 떨어뜨리는 바람에 고생을 한 적도 있다.
우리도 당당하게 변기 뚜껑을 열고 그 위에 앉아서 볼일을 보고 시원하게 물을 내려보고 싶다. 변기야, I miss you.

골칫거리

유럽에서 예상치 못한 걱정거리가 하나 생겼다. 곳곳에 캠핑장이 많아서 아무 데나 텐트를 치고 잘 수 없었던 것이다. 한적한 장소를 골라 텐트를 치고 있으면 어디선가 현지인이 나타나서 경찰이 보면 벌금을 내야 한다고 협박 아닌 협박을 하고 가는 경우도 있었다.

몽골 고비사막에서는 텐트를 그냥 던지면 그곳이 잠자리가 됐는데, 유럽에서는 사람들의 눈치를 보며 자야 했다. 전에는 텐트를 치고 캠핑하는 느낌이었다면 여기서는 몰래 노숙하는 기분이라고나 할까.

실제로 텐트를 치고 있으면 '아~ 젊은 청년들이 여행을 하고 있구나' 라고 생각하는 것이 아니라 '저 녀석들은 왜 캠핑장을 놔두고 여기에 텐트를 칠까?' 라는 반응을 보일 때가 많았다. 그렇다고 비싼 숙박료를 내고 잘 수도 없는 노릇이고…. 헝가리를 거쳐 오스트리아까지 가는 내내 잠자리를 찾느라 고생 좀 했다.

오페라를 보기 위해

오스트리아 하면 역시 천재 음악가들이 떠오른다. 물론 클림트의 '키스'를 비롯한 유명한 미술작품들도 많지만 그림은 인터넷으로도 볼 수 있지 않은가. 그래서 우리는 큰마음 먹고 오페라를 보기로 했다. 가지고 있던 옷 중에 가장 클래식해 보이는 것을 골라 나름 차려입고 극장을 찾았다.

그런데 웬걸, 바지 하단에 새겨진 야광 글씨 때문에 입장이 불가능하단다. 이 오페라를 보기 위해 한국에서부터 자전거를 타고 와서 옷이 이것밖에 없다고 하자 나를 딱히 여긴 직원이 말했다.

"그럼 바지를 뒤집어서 입고 오세요."

공연 시작 시간은 다가오고 달리 뾰족한 대안이 떠오르지 않아 결국 화장실에서 바지를 뒤집어 입고 들어갔다. 다른 사람들의 복장을 보니 왜 극장 측에서 그렇게 옷에 신경을 쓰는지 알았다. 그리 춥지도 않은 날씨인데 다른 사람들은 롱코트까지 입고 최대한 격식을 차리려고 노력한 듯 보였다.

그것이 열심히 공연을 준비한 극단에 대한 예의란다. 뭐 우리도 그러고 싶었지만 여건이 되지 않는 걸 어쩌겠는가. 그래도 정장차림의

사람들 속에서 누가 봐도 바지를 뒤집어 입은 모습으로 돌아다녔으니 나도 나름 예의를 갖추기 위해 최선을 다했다고 말할 수 있지 않은가.

서리와 주운 것 그 중간쯤

우리는 조난을 당했을 때를 대비해 각종 생존법을 익혀 왔다. 불을 피우는 방법은 기본이고, 물을 구하는 방법, 방향을 터득하는 방법, 사냥하는 법, 비상 거처를 짓는 법 등 혹시 모를 상황을 대비한 것이다. 다행히도 아직까지는 실력 발휘를 해야 할 비상상황은 없었다. 단지 이 중에 간간이 사용하는 것이 있다면 사냥하는 방법 정도가 될 것이다.

조지아에서는 페트병을 활용해 손바닥만한 꽃게를 두 마리 잡아 꽃게된장찌개를 끓여 먹기도 하고, 흑해에서는 지형을 활용해 생선을 잡아 구워 먹기도 했다.

물론 모든 시도가 다 성공했던 것은 아니다. 오히려 실패한 경우가 훨씬 더 많았다고 고백하는 것이 맞을 것이다. 젓가락으로 뭐라도 잡아보겠다고 바위틈을 뒤지다 미끄러져 귀중한 젓가락 한 짝을 물에 빠뜨리기도 하고, 토끼를 잡겠다고 뛰어다니다 에너지만 허비한 경우도 있었다.

그래서 수차례의 시행착오 끝에 사냥은 굉장히 비효율적이라는 결론에 도달했다. 동물은 우리보다 똑똑한 녀석들이라고. 그리고 경제적 여건이 허락하는 한 고기는 그냥 마트에서 사 먹기로 했다.

대신 우리는 채집으로 눈길을 돌렸다. 자전거를 타고 가다 채집의 대상이 되는 것이 발견되면 잠시 멈춰서서 배를 채웠다. 무화과, 사과, 복분자, 포도, 아몬드 등 사냥감보다 종류도 더 다양하고 손에 넣기도 수월했다. 아마도 우리의 먼 조상은 사냥 대신 채집을 하며 생계를 유지했던 것 같다. 그러나 지인들에게 채집 이야기를 할 때마다 공통적으로 하는 말이 있다.

"혹시 남의 과수원에 막 들어가서 나라 망신시키고 다닌 것 아냐?"

도둑질은 절대 아니었다. 그렇다고 그리 당당할 것도 없지만 한 명이 망을 보거나 눈치를 보며 따지는 않았다. 수확을 하고 나뭇가지에 남아 있는 것들 또는 바닥에 갓 떨어진 것들만 대상으로 삼았다. 서리와 주운 것의 중간 정도라고 생각하면 이해가 쉬울 것 같다. 이러한 채집활동은 여행 내내 우리의 주요 비타민 공급원이자 간식거리가 되어 주었다.

명품 세일

오스트리아에서 알프스 산맥을 넘어 이탈리아에 도착했다. 자전거도로가 이탈리아 중심부까지 연결되어 있어 큰 어려움 없이 밀라노까지 올 수 있었다. 이탈리아 하면 역시 온갖 명품이 떠오른다. 트레이닝 복장으로 명품 매장에 들여보내 줄지는 모르지만 명품가방과 옷을 아주 싸게 살 수 있는 아웃렛 매장이 있다기에 우리도 가 보기로 했다.

예상했던 대로 아웃렛에는 명품을 사기 위해 엄청난 인파가 모여 있었다. 명품을 좋아하는 동양인들답게 한국, 중국, 일본 아주머니들과 젊은 여성들이 대부분이었다. 사람들은 양손에 쇼핑백을 한가득 들고 바쁜 걸음으로 또 다른 매장으로 향하고 있었다.
'도대체 얼마나 싸기에 저렇게 명품을 쓸어담아 가는 걸까. 우리도 뭐 하나 건질 수 있겠다.'

무엇을 살까 고민하다 결혼을 앞두고 있는 누나를 위해 명품백을 하나 사기로 결심했다.
"그래도 지금까지 서로 의지해 가며 친하게 지낸 누나가 시집을 가는데 좋은 걸로 해 줘야지."
한국 여자들이 가장 좋아한다는 메이커의 매장 문을 열고 들어갔다. 그럴듯해 보이는 녀석으로 하나 골라 가격을 물어봤다.

"1,200유로요."
간단하게 200은 빼고 1,000유로를 환산해 봤다. 170만 원.
"음, 여기는 세일을 안 하나?"

그 옆의 다른 매장에 들어가서도 물어보니 상황은 비슷했다. 명품백의 고장이라고 할 수 있는 이탈리아에서도 명품은 명품이었다. 물론 한국보다는 저렴하겠지만 자전거 여행객이 선뜻 살 수 있는 그런 가격의 명품백은 없었다. 170만 원이면 자전거로 아프리카도 한 바퀴 돌 수 있는데. 이번엔 조금 더 작은 지갑으로 시선을 돌려 열심히 찾아다녔지만 역시 핸드백만큼이나 비쌌다. 결국 아무것도 사지 못한 채 쓸쓸히 아울렛을 빠져나왔다.

F1이 달리는 도로

이탈리아에서 지중해 연안을 따라 프랑스를 향해 달렸다. 왼쪽에는 푸른 바다가 눈부시게 반짝거리고 오른쪽에는 절벽을 따라 흰색 벽돌의 대저택들이 자리 잡고 있었다. 조금 더 달리자 이탈리아 안에 있는 작은 나라, 모나코가 눈에 들어왔다. 실제 면적은 잘 모르지만 얼핏 봤을 때 여의도 절반 크기 정도밖에 되지 않아 보였다. 세금이 거의 없어 전 세계 부자들이 이곳에 저택을 짓고 휴양을 하러 오는 그런 곳이란다.

지중해밖에 보이지 않던 왼쪽 편에는 거대한 요트들이 눈에 들어왔다. 그리고 도시로 진입하자 아스팔트가 금빛으로 빛났다. 알고 보니 이곳 모나코는 도시 전체가 F1 경기를 치를 수 있도록 도로가 만들어졌단다. 자동차가 아니라 머신machine이라고 불리는 포뮬러 원이 달리는 도로를 한국산 자전거로 달리고 있다니 기분이 묘했다.

실제로 이 도로에서는 자전거 바퀴 소리조차 굉장히 부드럽게 들리고, 얼음판 위를 달리는 것처럼 마찰력도 거의 느껴지지 않았다. 이 놀라운 경험에 어리둥절해 있을 때 뒤에서 여러 대의 오토바이 소리가 들려왔다.

"도대체 어떤 오토바이기에 소리가 이렇게 좋지?"

잠시 후 옆을 스치고 지나간 것은 말로만 듣던 슈퍼카들이었다. 람보르기니, 페라리 등을 오토바이 소리로 착각했던 것이다. 때마침 도로는 한 아파트 밑을 관통하여 터널 속으로 이어졌다. 조금 전 순식간에 스쳐 지나갔던 슈퍼카들이 앞서가던 형의 자전거 때문에 속도를 내지 못하고 있었다.

1차선밖에 되지 않는 터널 속에서 슈퍼카들이 자전거를 추월하기 위해 좌우로 왔다갔다하는 모습은 마치 소변이 급한 어린아이가 발을 동동 구르고 있는 모습과 비슷했다. 형은 이런 상황에서도 절대로 당황하지 않고 터널을 빠져나갈 때까지 안전하게 슈퍼카들을 가이드해 줬다. "굿잡!"

상의 올려, 복대 풀어

이탈리아 하면 보통 로마, 콜로세움, 트레비 분수 등을 떠올리지만 그곳에 직접 가 본 사람들은 소매치기가 가장 먼저 떠오를 것이다. 그만큼 이탈리아에는 소매치기들이 많다는 뜻이다. 2인 1조팀, 4인1조팀, 성인팀, 어린이팀 등 규모와 연령에 따라 소매치기 수법도 다양하다.

그래서 한국 여행객들은 돈을 양말이나 복대 속에 넣고 다니기 시작했다. 이런 방법이 통하던 것도 잠시뿐. 이탈리아에는 소매치기 양성 학교가 있어 소매치기 대상을 국가별, 연령별로 세분화하여 수법을 가르쳐 준단다.

이곳에서는 일본인들이 현금을 얼마나 들고 다니는지, 한국인들이 어디에 돈을 숨기는지 등을 최신 버전으로 가르쳐 주고 있단다. 그곳에 간 당신이 머리를 굴려 정말 기가 막힌 곳에 돈을 숨겼다고 좋아할 일이 아니다. 왜냐하면 소매치기들은 당신이 기발하다고 생각한 그곳부터 뒤지기 시작할 것이기 때문이다. 이곳이 이탈리아다. 실제로 한국의 두 청년이 겪은 실화를 소개하겠다.

저녁 조금 늦은 시간에 한국 청년 둘은 큰 덩치를 믿고 로마의 한 골목을 통과하고 있었다. 그때 어디선가 나타난 남성 4인1조 소매치기 팀이 대뜸 이들에게 스케치북을 꺼내들었다. 그 스케치북에는 한글

로 이렇게 쓰여 있었다. '돈 내놔.' 돈이 없는 척하자 스케치북 페이지가 넘어갔다. '신발 벗어, 양말 벗어.' 상의 속 복대에 모든 현금을 숨겨 둔 청년들은 자신있게 신발과 양말을 벗었다. 그러자 스케치북이 마지막 페이지로 넘어갔다. "상의 올려, 복대 풀어." 두 청년은 꼼짝없이 당했다. 소매치기들은 돈만으로 분이 풀리지 않았는지 욕을 하며 주먹으로 한 청년을 때리기 시작했다. 다른 한 명은 손도 대지 않고 그 한 명만 때렸다.
둘 다 복대를 차고 있었는데 왜 한 명만 때린 것일까. 알고 보니 다른 한 명의 복대는 가슴 위까지 올라가 있어서 이들이 발견하지 못했던 것이다. 이탈리아에서 소매치기를 피하는 방법, 이제 확실히 알겠는가? '복대를 가슴 위까지 끌어올리기,' 이것이 포인트다.

자유 만끽

여행이 주는 가장 큰 선물은 아마도 자유가 아닐까. 평소에는 꿈도 꾸지 못하는 그런 것들을 어느 누구의 눈치도 보지 않고 할 수 있는 시기는 여행을 떠나 있을 때다. 나는 이 사실을 잘 알고 있기 때문에 이 자유를 최대한 만끽하기로 했다.

그 중 한 가지가 머리를 기르는 것. 나에게 가장 잘 어울리는 스타일은 짧은 머리라는 것쯤은 나도 잘 알고 있다. 그러나 한국을 떠난 후 한 번도 머리를 자르지 않은 것은 그냥 나에게 허락된 자유를 더 누리고 싶어서였다.

머리를 기른 지 8개월이 되니 이젠 장발도 익숙해졌다. 자유로움을 느낄 수 있는 다른 무언가에 갈증이 느껴진다. 지금 아니면 할 수 없을 것 같은 그런 것. 뭐가 있을까. 문신? 아니다. 괜히 어설프게 자전거 한 대를 팔에 새겼다가 나중에 대중목욕탕에서 비웃음거리가 되기는 싫다. 피어싱? 그래. 프랑스와 피어싱, 왠지 잘 어울리는 것 같다. 또 피어싱은 언제든지 빼도 되니까 도전해 볼 만하다는 생각이 들었다. 피어싱을 한 모습은 나조차도 상상이 가지 않았다.

도전! 프랑스의 항구도시 마르세유에 도착하자마자 근처에 있는 피어싱숍을 찾아갔다. 선택권은 그리 많지 않았다. 혀를 뚫거나, 배꼽을 뚫거나, 눈썹을 뚫는 것. 혀는 도저히 엄두가 나지 않고, 배꼽은 왠지 게이 같은 느낌이고, 그나마 눈썹이 가장 괜찮아 보였다. 결정을 하자 주인은 곧바로 시술에 들어갔고 5분도 채 안 되어 손거울 하나를 내 손에 쥐어 주었다.

헉, 이게 뭐지? 처음이라 어색해서 그런 것일까. 밀려오는 민망함과 어색함 때문에 도저히 거울을 보고 있을 수가 없었다. 나의 모습을 처음 본 형은 소감을 이렇게 표현했다. "피식~"

피어싱이 어울리는 사람은 따로 있는가 보다. 그래도 자유를 만끽하기 위한 작은 몸부림으로 인해 기분은 최고다.

프랑스의 '프로방스'는 참 익숙하면서도 낯선 단어다. 최소한 나에게는 그렇다.

그러나 난 프로방스 지역이 참 좋다.

그 이름부터 정감이 가는 이곳은 공기부터 달랐다.

숨을 쉴 때마다 건조한 듯한 촉촉함이 코끝에 와 닿았다.

곳곳에는 티코만한 바위들이 듬성듬성 자리잡고 있고, 카키색 이끼들이

그 위를 덮고 있다. 바위 옆에는 도토리와 올리브 나무가 함께 자라고 있고,

검정색 소들이 그 밑에서 달콤한 낮잠을 즐기고 있다.

이 풍경을 바라보고 있으면 모든 근심이 사라지고 마음이 평온해지는

듯한 느낌이 든다. 나는 프로방스가 좋다.

보디랭귀지

여러 국가를 다닌다고 하면 사람들이 공통적으로 물어보는 것이 있다. "의사소통은 어떻게 하세요?" 또는 "영어를 잘하나봐요." 음, 의사소통이라.

일단 영어에 대한 답변부터 하자면 중국에서부터 출발하여 처음으로 현지인과 편하게 영어로 의사소통을 한 것이 터키에서다. 출국 후 6개월 만이다. 중국, 몽골, 러시아를 비롯하여 중앙아시아의 국가에서 영어는 무용지물이다. 물론 대도시에서는 젊은 사람들이 영어를 할 줄 안다고 하지만 우리가 대부분 시간을 보내는 곳은 그 대도시로 가는 시골길이었다. 그 시골길에서 영어를 할 줄 아는 사람을 만나기란 참 어렵다.

더군다나 러시아 사람 중에는 영어로 물어보면 굉장히 불쾌한 표정을 짓는 이들이 꽤 많았다. 특히 동부 러시아에서는 구소련의 경험 때문에 아직도 반미감정을 갖고 있는 어르신들을 많이 만났다. 우리로 따지자면 일본과의 독도 문제가 최고조에 달해 있을 때 어떤 외국인이 와서 일본어로 길을 물어본다면 기분이 좋지 않을 수도 있으니 어떤 심정인지 이해는 할 수 있을 듯하다.

심한 곳에서는 'one, two, three' 조차 알아듣지 못하는 사람들도 많았다. 그러니 어차피 영어로는 의사소통도 되지 않고 괜히 썼다가

상대방을 불쾌하게 만들 수도 있어 어르신을 만났을 때는 그냥 한국말과 보디랭귀지를 사용하기로 했다.

한국말을 알 턱이 없는데 왜 굳이 한국말을 했는지 반문할 수도 있을 것이다. 물론 알아들을 거라 생각한 것은 분명 아니다. 그러나 말을 하지 않고 몸으로 무언가를 열심히 표현하고 있으면 내 자신이 굉장히 초라하게 느껴진다. 아니, 바보처럼 느껴진다고 해야 하나? 언어를 구사하는 인간이 입을 다문 채 무언가를 표현하는 것은 가족오락관에서나 가능한 일이다.

외국인에게 한국말로 이야기하는 것도 어색하지만 아무 말도 하지 않고 몸으로 무언가를 설명한다는 것은 더 더욱 어색하다. 그래서 어느 순간부터 그냥 한국말과 보디랭귀지를 섞어서 하기 시작했다. 그런데 이것이 오히려 우리에게 득이 된 사건도 있었다.

한 번은 러시아에서 길을 물어보기 위해 카페에 들렀다. 평소대로 한국말로 물었다.
"○○○ 어떻게 가요?" 그런데 의외의 답변이 돌아왔다. "카레이?" 알고 보니 러시아에 거주하는 고려인이었던 것이다.

한국말을 사용한 덕분에 한국 사람이라는 사실을 알고 집으로 초대해서 푸짐한 식사 대접과 함께 고려인의 삶에 대해 듣게 되었다. 말이 안 통할 때는 한국어가 최고다.

마지막 시험

삐걱삐걱. 사각사각. 스르르르. 이제는 자전거에서 생전 들어보지 못한 온갖 잡음이 나기 시작했다.
'거의 다 끝났어. 이번이 마지막 산맥이야. 힘내.'

프랑스와 스페인의 경계에 있는 피레네 산맥을 넘으며 속으로 자전거를 위로했다. 속도계를 보니 지금까지 달려온 거리만 거의 18,000km가 다 되어 간다. 자동차도 10,000km가 넘으면 웬만한 부속품들을 갈아줘야 하는데 이 녀석들 지칠 만도 하지. 내 몸은 이제 자전거 여행에 완벽히 적응을 했는데 역시 기계는 무시무시한 인간의 적응력을 따라오지 못했다.

'탱!' 자전거에서 굉음이 났다. 뭔가 잘못된 게 분명했다. 타이어, 브레이크, 트레일러, 다 정상이다. "무슨 소리였지? 다시 한 번 타 볼까?" 보통 고장이 나는 다른 곳들은 다 멀쩡한데 고장 한 번 나지 않았던 기어의 케이블을 연결해 주는 부분이 끊어진 것이다. 이 부품은 반영구적이기 때문에 예비로 준비해 오지도 않았다.

해발 4,000m가 넘는 곳에 그것도 한겨울에 자전거 가게가 있을 리 없었다. 게다가 우리가 가고 있는 길은 작은 국도라 지나다니는 차량도 거의 없었다. 고도가 높아서 숨쉬는 것도 힘겨운데다 엄청난

양의 습기로 인해 온몸이 다 젖어 있었다. 해도 해도 너무한다는 생각이 들었다. 동네 동산도 아니고 하필이면 유럽에서 높기로 손꼽히는 피레네 산맥을 오르는 길에 부품도 없는 곳이 고장났을까. 이것은 분명히 하늘이 나에게 주는 마지막 과제였다.

“이것만 이겨내면 순풍을 타고 목적지까지 도착할 수 있을 거야.”

사실 이제 웬만한 오르막은 노래를 부르면서도 올라간다. 이런 나의 모습이 보기 싫어서인지 아니면 더 값진 성취감을 맛보게 하기 위해서인지는 모르지만 하늘은 일단 자전거를 끌고 정상까지 올라가라고 시킨다. 그 뜻을 거스를 수는 없는 노릇.
"조금씩 가다 보면 언젠가는 도착할 수 있겠지."
30kg가 넘는 자전거와 짐을 끌고 가는 동안 가방 속에 있는 물건들이 하나씩 떠올랐다.

'감자전을 해 먹기 위해 터키에서 구입한 프라이팬, 루마니아에서 선물로 받은 와인, 지금껏 단 한 번도 사용한 적 없는 자전거 부품' 어떤 게 가장 무거울까? 이 중에서 뭔가 하나라도 버리면 나중에 후회를 하게 될까?

무거운 짐 탓으로 돌리면 조금이라도 마음이 편해질 것이라 생각했지만 고민만 하다가 결국 쓸데없는 에너지만 소모했다. 영화표 한 장도 쉽게 버리지 못하는 성격을 뻔히 알면서도 괜한 고민을 한 내가 바보지.

예상대로 자전거 가게는 피레네 산맥을 넘어 저 아래 마을까지 가서야 찾을 수 있었다. 그래도 소중한 물건 하나 버리지 않고 이곳까지 온 것에 뿌듯함까지 느껴졌다.

또 다른 고향, 스페인

스페인이다. 초등학교 시절 아버지를 따라 온 가족이 5년이 넘는 시간을 보낸 곳, 스페인은 나에게 고향과도 같다. 오래 살아서 그런지 몰라도 아직까지 스페인은 지금까지 가 본 곳 중에서 가장 살고 싶은 나라다.

지중해를 끼고 있어 아름다운 해변이 많고 사계절이 있어 생태계가 다양하다. 또한 날씨가 좋아서 과일을 비롯한 먹거리가 다양하고 저렴하다. 경제가 아무리 어렵다 하더라도 먹을거리가 풍부하기 때문에 서민들은 크게 걱정하지 않는 모습이다.

또한 행복지수가 높은 나라여서 사람들은 스트레스를 거의 받지 않는다. 금요일 밤이 되면 스트레스를 풀기 위해

술집에 들러 친구들과 신세 한탄을 하는 우리 모습과는 대조적이다. 같은 술을 마시더라도 천천히 그리고 여유 있게 그 순간을 즐긴다. 술자리를 통해 위로나 현실도피 등의 어떠한 보상도 바라지 않는다. 그저 그 시간이 좋은 것이다.

한국에서는 '고객이 왕'이라는 인식이 거의 문화로 자리잡았다. 이런 문구를 누가 처음 사용하기 시작했는지 모르지만 고객인 나를 왕으로 대접해 준다는데 이를 마다할 사람은 없을 것이다. 하지만 내가 왕이 되기 위해서는 누군가는 하인이 되어야 하고 나 또한 언젠가는 다른 사람을 왕으로 모셔야 할 것이다.

그러나 스페인에서는 그 어떤 누구도 왕 행세를 하려 하지 않는다. 점원은 손님과 항상 동등한 입장에서 서비스를 제공하고 그 대가를 받는다. 그렇다고 불편하거나 불친절한 것도 아니다. 굽신거리거나 아쉬운 소리 한 번 하지 않고도 살아갈 수 있는 곳, 그곳이 바로 스페인이다.

독일 목수, 스페인에서 만나다

벤치에 앉아 스페인식으로 보카디요바게트빵에 햄과 치즈 등을 넣어 먹는 간식를 만들어 먹고 있는데 젊은 남자가 다가왔다. 그는 유창한 영어로 우리에게 말을 걸었다. 스페인 사람들은 영어도 스페인식으로 발음하기 때문에 우리는 그가 스페인 사람이 아니라는 사실을 단번에 알아차렸다.

한국에서부터 9개월간 자전거를 타고 여기 스페인 동쪽 지방까지 왔다고 하니 동족을 만나서 반갑단다. 그도 여행을 좋아해서 몇 년 동안 유럽을 누비고 다녔다고 한다.

그는 목수의 아들로 태어나 아버지가 그랬던 것처럼 어렸을 때부터 아버지로부터 기술을 전수받아 목수가 되었다. 그가 태어난 독일에서는 남자 목수가 성년이 되는 해에 짐을 싸서 일 년간 출가를 한단다. 집에서 최소한 50km 떨어진 곳에

서부터 시작하여 그동안 배운 목공 기술을 이용해 봉사활동을 하며 숙식을 해결한다는 것이다.

이러한 문화는 자신이 배운 기술을 실전에서 사용해 볼 수 있는 기회를 갖고 자립심을 키울 수 있어서 과거부터 이어져 오는 전통이란다. 그도 성년이 되던 해에 집을 나와 시골 집을 수리해 주면서 여기저기 떠돌아다니며 좋은 경험을 많이 했다고 한다. 카누를 타고 강줄기를 따라 여행하기도 하고, 히치하이킹을 하여 고향에서 수천

킬로미터 떨어진 곳까지 가 보기도 하고, 뛰어난 목수를 만나 새로운 기술을 배우기도 했단다. 그러다 스페인에서 사랑하는 여자를 만나 이곳에 정착하여 지금까지 살고 있다고 한다. 그때 그런 경험을 하지 못했다면 아직까지도 그저 부모님 집에서 철부지 아들로 살아가고 있었을 것이라며, 우리가 지금 하고 있는 여행이 앞으로 엄청난 자산이 될 것이라고 했다.

그 친구는 우리를 굉장히 반가워할 만한 사람들이 또 있다며 오늘은 노숙하지 말고 자신에게 시간을 내달라고 했다. 감사한 것은 우리인데 왜 그리 감사하다는 말을 끊임없이 하는지. 그렇게 우리가 가게 된 곳은 스페인에 정착해 사는 영국인 가정이었다.

중년 부부는 영국의 치열한 삶에 염증을 느껴 몇 년 전에 이곳으로 이민을 왔단다. 그들은 올리브와 포도 농사를 지으며 자녀 둘을 키우고 있었다. 회사를 다니다가 갑자기 농사 짓는 것이 쉽지는 않았지만 토양은 관심과 애정을 쏟는 만큼 정직하게 되돌려 주었고, 열심히 노력한 덕분에 포도 품질이 좋아져서 작년부터는 와인 생산까지 할 수 있게 되었다고 한다.

키르기스스탄에서 만난 한 부부는 시골의 삶이 아주 따분해서 도시로 이사를 가고 싶다고 했는데, 이 부부는 시골의 여유로운 삶이 좋다고 하니 정답은 어디에도 없는 것이 아닐까. 도시에 살든 농촌에 살든 그 순간을 즐기며 행복하게 사는 자가 진정한 승자가 아닐까 싶다.

낮잠, 그 달콤함

분명히 전날 밤 일찍 잠들고 아침에도 평소와 같이 일어났는데 유독 낮에 피곤한 날이 있다. 눈꺼풀은 아령을 들고 있는 것마냥 무겁게 느껴지고 손과 다리는 무언가에 홀린 듯 기운이 없다. 마치 점심을 먹고 재미없는 강의를 듣고 있는 것처럼 졸음이 쏟아진다. 이것은 나의 뇌가 팔다리와 짜고 쉬어가자고 신호를 보내고 있는 게 분명했다. 이 녀석들의 애절한 부탁을 들어주지 않으면 내일 당장 파업을 할 기세다.

형한테 조심스럽게 말을 꺼냈다.
"혹시 안 피곤해요?"
겉으로는 컨디션이 굉장히 좋아 보이는 형이 센스 있는 대답을 한다.
"힘들어? 나도 좀 피곤하네~"
우리는 그렇게 도로 옆 돌담 위에 자리를 잡고 침낭 속으로 파고들었다. 어찌나 포근한지 언제 잠들었는지도 모른 채 한참을 지나 눈을 떴다. 온몸에 전율이 돌며 세포 하나하나가 잠에서 깨어나는 게 느껴졌다. 잠들 때는 몰랐던 시냇물 흐르는 소리와 깊은 산속의 촉촉함이 코끝에 느껴졌다.

아, 달콤하다. 정말 달콤하다. 사람들이 왜 낮잠을 달콤하다 하고 단잠이라고 부르는지 100% 공감한다. 아마도 그렇게 처음 얘기한 사람도 나랑 비슷한 경험을 했을 것이 분명하다. 갑자기 문득 한 침대 회사의 광고문구가 생각난다.
'얼마나 잤는지가 아니라 어디서 잤는지가….'

스페인 사람들은 낮잠을 '시에스타siesta'라고 한다. 시에스타는 낮잠뿐만 아니라 낮잠을 자는 시간 자체를 지칭하기도 한다. 보통은 오후 1시부터 4시. 학생들은 집으로 돌아가 점심을 먹고 낮잠을 잔 후 학교로 돌아가 오후 수업을 듣는다. 장사를 하는 사람들도 어김없이 셔터를 내리고 집으로 향한다. 예외란 없다. 간혹 이 시간대를 황금 기회로 생각하는 외국인들이 가게 문을 열기도 하지만 이내 문을 닫고 만다. 시에스타 시간에는 공급과 소비가 멈춰 버린다.

무더운 날씨 때문에 시작된 낮잠 시간은 온가족을 집으로 불러모아 한 식탁에 앉히고 식사를 하며 담소를 나눌 수 있는 자리를 제공한다. 식사를 마치고는 달콤한 낮잠으로 오후 일과를 이어가기 위한 활력소를 얻는다. 보는 이의 시각에 따라 태평하다고 생각하는 사람들도 있지만 시에스타는 스페인 사람들의 삶에서 절대 떼어놓을 수 없는 아주 달콤한 문화다.

간혹 이곳으로 놀러온 관광객들이 이 시간에 무엇을 해야 할지 몰라 당황스러워하는 경우를 볼 수 있는데, 시에스타, 어렵지 않다. 숙소로 돌아가서 밥 먹고 자면 된다.

Last Lap

스페인의 수도 마드리드를 떠나 드디어 마지막 관문인 포르투갈을 향해 달렸다. 지금 심정은 차를 타고 부산에서 출발하여 서울 요금소를 통과하고 있는 기분이라고나 할까. 일 년 동안 목표로 삼고 쉴 새 없이 달려온 그곳, 나의 꿈에 수도 없이 등장했던 그곳, '호카 곶'에 도착하면 어떻게 할까? 환호를 지를까, 방방 뛰어다닐까, 아니면 바닥에 그냥 드러누워 버릴까.

상상만으로도 입가에서 미소가 떠나지 않았다. 펑크가 나도 즐거운 마음으로 튜브를 갈아끼웠다. 눈이 내리고 손가락이 얼어도 행복했다. 이런 기분 정말 오랜만에 느껴보았다.

유치원 때 소풍 가기 전날 느꼈던 설렘, 여자친구와 처음 손잡았을 때 느꼈던 떨림, 대회에서 처음 입상을 했을 때 느꼈던 벅참, 대학교 합격통지서를 받았을 때 느꼈던 통쾌함. 지금껏 살아오면서 이따금 맛보았던 크고 작은 '행복의 순간' 목록에 한 가지가 더 추가되겠지.

목표를 세우고 이를 달성한다는 것은 인간으로서 느낄 수 있는 가장 큰 성취감이 아닐까 싶다. 얼른 또 달려야지. 빨리 그 성취감을 맛보게.

말년 병장

포르투갈의 수도 리스본에 도착했다. 지금까지는 도시에 들어가면 자전거를 수리하고, 식량을 구입하고, 블로그에 사진 올리고, 엽서를 보내면서 며칠 되지 않는 시간을 그렇게 보냈다.

그러나 리스본은 달랐다. 자전거? 이제 몇 킬로미터 남지 않은 상황에서 자전거가 고장난들 무슨 상관이겠는가. 자전거가 나를 태워 주지 못하면 내가 그곳까지 자전거를 업고 달릴 수도 있는걸. 식량? 사람은 물만 먹으면 몇 주도 살 수 있다고 하지 않는가.

벌써부터 밀려오는 벅참에 배도 고프지 않다.

사진과 엽서도 이 상황에서는 큰 매개체 역할을 하지 못한다. 한국에서 우리를 응원해 주고 있는 사람들도 목적지에 도착했다는 소식을 더 듣고 싶어 할 것이다. 우리는 말년 병장이다!

이젠 굿바이

자전거에 달린 속도계를 보니 18,450km가 찍혀 있었다. 한국을 떠나 지금까지 우리가 달려온 거리다. 우리의 최종 목적지까지는 이제 겨우 40km밖에 남지 않았다. 해가 저물어가는 지금 힘을 더 내서 달리면 한두 시간 안에 목적지에 도착할 수도 있다.

하지만 지금껏 학수고대하던 순간을 깜깜한 밤에 맞이하고 싶지는 않기에 텐트에서 하루 더 묵기로 했다. 매일 준비하던 잠자리라 지겨워질 법도 한데 마지막이라고 생각하니 새삼 서운함까지 느껴졌다. 여기저기 휘어진 텐트와 구멍난 에어매트를 보니 괜스레 미안한 마음이 들었다.

"너희도 정말 고생 많았다. 오늘이 마지막이니 조금만 더 힘내렴."

평소 나의 주특기인 사물 의인화시키기가 오늘따라 더 심하게 발휘되었다. 좋은 주인 만났으면 일 년에 한두 번 정도 좋은 캠핑장에서 성능을 발휘했을 녀석들인데 괜히 우리를 만나 일 년 만에 늙은이가 된 것 같아 진심으로 미안했다. 그리고 추울 때나 더울 때나 우리 곁을 든든하게 지켜 줘서 정말 고맙다.

다툰 적 있나요?

마음이 잘 맞는 친구라도 함께 여행을 가면 다투고 돌아오는 경우가 많다. 아마도 여행이란 의사결정의 연속이기 때문일 것이다. 아침에는 몇 시에 일어나서 어디를 구경하고, 무엇을 먹고, 어떻게 이동할 것인지. 깨어 있는 동안에는 끊임없이 무언가를 선택하고 결정해야 한다. 혼자라면 문제될 것이 없지만 하나의 팀으로 움직이는 경우에는 이런 의사결정을 위한 조율 과정이 꼭 필요하다.

그러나 이 과정에서 대부분의 다툼이 시작된다. 심한 경우에는 다툰 후 각자 여행하다 따로 귀국하는 경우도 있다. 이런 사례가 많아서인지 우리도 이와 관련된 질문을 자주 받았다.
"둘이 싸운 적은 없어요?"
그러면 우리는 한 치의 망설임도 없이 대답했다.
"없어요!"

우리 답변에 의심을 가득 품고 아무리 추궁해 보아도 소용없다. 결론부터 말하자면 268일간 단 한 번도 다툰 적이 없다. 그렇다고 한 명이 리드하고 다른 한 명이 절대적으로 따르는 구도였는가? 그것은 아니었다. 둘 다 따르는 것보다는 이끄는 것을 좋아한다. 취향이 비슷해서? 그것도 아니다. 여행을 좋아하고 박물관을 싫어한다는 공통점 외에는 비슷한 점이 거의 없다. 그렇다고 의견 차이가 없었나?

그것도 아니다. 취향이 너무나 다르기 때문에 작은 것도 매번 의견 조율을 해야 했다. 상황이 이런데 어떻게 단 한 번의 다툼도 없었을까.

솔직히 이야기하자면 상대방에게 실망한 적은 있었다. 형이 나한테, 그리고 내가 형한테. 이 사실을 처음 알게 된 것은 카자흐스탄에서였다. 5,000km를 돌파한 기념으로 우리는 풍경이 멋진 강가에 잠자리를 구하고 양꼬치를 구워 먹으며 속에 쌓인 것들을 털어놓기로 했다. 이야기를 시작하기 전에 우리는 서로에게 한 가지 약속을 했다. 절대로 감정적으로 이야기하지 말고 남의 이야기처럼 사실만 전달하자고. 그리고 그것에 대해서는 반문하지 말고 바로 수용하기.

솔직히 여기까지만 이야기했는데도 왠지 불안한 느낌이 들었다. 이 기회를 통해 나는 지금까지 형한테 얘기하지 않고 마음속에 숨겨 놓았던 것들을 털어놓을 예정이었기에 분명히 형도 내가 눈치채지 못한 나의 이기적인 행동들에 대해 털어놓을 것이 분명했기 때문이다.

'과연 형은 내게 어떤 불만이 있었을까. 혹시라도 오늘의 이야기들이 서로에게 상처를 줘서 여행을 계속하는 데 지장을 주면 어떡하지?'
이런 걱정과 함께 마음속으로 단단히 각오를 다졌다.
'아무리 심한 얘기를 들어도 상처받지 말자.'

그런데 자리는 마련했지만 둘 다 선뜻 얘기를 시작하지는 못했다.
"형이 먼저 얘기하세요."
"아니야~ 네가 먼저 얘기해 봐."

아마 형도 나와 비슷한 걱정을 하고 있었던 모양이다. 막상 이야기를 하려고 하니 평소에 내가 가졌던 불만들이 왠지 너무 사소하고 쪼잔한 것 같다는 느낌이 들었다. 내가 생각해도 너무 사소하다 싶은 것은 빼고 굵직한 것만 먼저 얘기를 꺼냈다.
"제가 뒤따라갈 때 뒤에서 의견을 내면 형이 그냥 묵살시키는 경향이 있어요. 좋은 잠자리를 발견했다고 얘기할 때도 고민도 안 하고 별로라며 그냥 지나쳐 버리고요."
"오케이, 접수했어. 또?"
"음, 제 짐이 너무 무거운 것 같아요. 아이스박스가 제 가방에 있으니 모든 음식과 음료수를 항상 제가 끌고 다녀서 펑크가 더 자주 나는 것 같아요."
"그건 조정을 좀 해 보자. 또?"
"이제 없어요."

당장 변화를 주고 싶은 것 두 가지를 시원하게 먼저 얘기를 해버렸다. 비굴해 보여도 어쩔 수 없다. 여행을 하며 내 마음을 불편하게 하는 것들을 없애고 싶었다. 이제 내가 반성할 차례였다.
"형은요?"
"음, 나는 별로 없는데…."
"뭐예요! 그런 게 어딨어요! 사소한 것이라도 좋으니 형을 불편하게 했던 것들을 얘기해 주세요. 그래야 둘 다 더 즐겁게 여행할 수 있죠!"
"하나 있긴 해."
"얘기해 주세요."
"넌 내 의견에 대해 부정적으로 얘기할 때가 많아. 내가 어떤 얘기를

하면, 에이 설마요, 에이 아닐걸요, 아니에요, 그건 아니에요 라고 할 때가 많아.”
“제가 그랬나요?”

다시 생각해 보니 그런 경향이 조금 있었던 것 같다. 그런데 그게 형한테 그렇게 상처를 주었을 것이라고는 상상도 못했다. 지금이라도 알아서 다행이다. 우리는 이번 대화를 계기로 상대방의 입장에서 생각하고 행동하려는 노력을 더 기울였다. 육체적으로 지쳐 있는 상태에서는 말 한 마디에도 쉽게 상처를 받을 수 있다는 사실을 깨달았기 때문이다. 그래서 잠자리를 찾을 때도, 식사 메뉴를 정할 때도 항상 의논을 한 뒤 결정을 내리기로 했다. 이런 대화 덕분에 한 번 싸우지 않고 여행을 무사히 마칠 수 있지 않았나 싶다.

우리는, 서로 인정한 최고의 여행 메이트다.

Cabo da
Roca

그 순간을 가슴에 새기다

날이 밝았다. 이제 남은 건 고작 40km. 페달을 한 바퀴 한 바퀴 돌릴 때마다 그곳이 가까워지는 게 느껴졌다. 30km, 20km, 10km, 바퀴에 마치 기름칠이라도 한 것처럼 자전거는 부드럽게 굴러갔다.

꼬불꼬불 산길은 오르락내리락을 반복하다가 광활한 들판으로 이어졌다. 거리를 나타내는 표지판이 자취를 감추더니 드디어 광활한 대서양이 시야에 들어오기 시작했다. 드넓은 바다는 눈부시게 반짝거리고 대서양 저편에서는 시원한 바람이 불어왔다.

푸르른 바다와 바람, 그리고 언덕 위의 하얀 등대는 마치 오래 전부터 우리를 기다리고 있었다는 듯이 우리를 반겨주었다. 우리가 달리던 길은 그렇게 언덕 위의 등대까지 이어졌고 거기서 그대로 끊겨버렸다.

유라시아 대륙의 최서단,
더 이상 가고 싶어도 서쪽으로는 갈 곳이 없는 '호카 곶.'

기분이 이상했다. 나침반은 계속 서쪽을 가리키는데 더 이상 갈 곳이 없어서일까. '언젠가 도착하겠지' 하며 매일매일 달려온 곳이 지금 내가 서 있는 곳이라는 사실이 믿기지 않아서일까. 아니면 자전거를 타고 오는 내내 꿈에서 수도 없이 경험했던 장면이라서일까. 예상했던 것처럼 가슴이 벅차오르지 않았다. 이상했다. 우리는 사진 몇 장을 찍고서는 바위에 걸터앉아 멍하니 대서양을 바라보았다.

우리는 마치 약속이나 한 듯 잠시 각자의 시간을 갖기 시작했다. 대서양 저편에서 불어오는 바람을 맞고 있으니 자연스럽게 우리가 거쳐 온 추억들이 떠올랐다. 처음 세계지도를 펼쳐놓고 어디를 갈지 고심할 때부터 중국, 몽골, 러시아, 그리고 중앙아시아와 유럽을 거쳐 여기에 도착할 때까지 겪었던 수많은 에피소드들, 황당한 사건들, 행복했던 날들, 고마운 사람들, 아찔했던 순간들. 이 추억들을 하나씩 떠올리자 나도 모르는 사이 입가에는 미소가 떠오르고 눈가는 촉촉해졌다. 그 순간 옆에 앉아 있던 형이 피식 웃었다.

"형~ 무슨 생각을 하기에 그렇게 웃어요?"
"그냥~ 우리 여행했던 거. 근데 너는 왜 울어?"
"모르겠어요. 이런저런 생각하다 보니 저도 모르게…."
"그런데, 이제 뭐하지?"
"돌아가는 길에 다음 여행 얘기나 해 볼까요?"
"하하하~ 좋은 생각인데? 가자. 얼른 또 준비해야지."

DA ROCA
TERRA SE ACABA
MAR COMEÇA
(CAMÕES)
MAIS OCIDENTAL DO
EUROPEU
VICTOR

추러스 가게에서

여행을 다녀온 지 3년 여의 시간이 흘렀다. 귀국 후 학교를 졸업하고 곧바로 취직을 했다가, 입사 일 년째 되는 날 사표를 던졌다. 이런 나의 행동에 주변에서 한 번쯤은 걱정을 해 줄 만도 한데 대부분 '그럴 줄 알았다'는 반응이었다. 내 자신도 그렇게 빨리 그만두게 될 줄은 몰랐는데 말이다.

자전거 여행은 끝났지만 나는 여전히 또 다른 여행 속에 살고 있다. 아마도 지난 여행이 내 몸속에서 유전자 변형을 일으킨 게 아닌가 싶다. 미지근하고 그저 흐르는 듯한 일상은 마치 본능처럼 몸이 먼저 거부해 버리는 걸 어찌할 도리가 없다.

정말 갈증이 날 때 물을 마셔야 시원하고, 정말 추울 때 따뜻한 곳에 들어가야 그 온기가 제대로 느껴진다는 이 단순한 논리는 내 삶 전체에 아주 깊이 파고들어 버렸다.

부모님은 이런 나의 모습을 보고 늘 같은 말씀을 하신다. "왜 사서 고생이냐고, 늙어서 골병든다고." 그런데 이게 좋은 걸, 내 생각대로 내 손으로 직접 시도해 보는 것이 행복한 걸 어쩌겠는가.

스페인 정통 추러스. 이것이 내가 대학로에 가게를 오픈하고 손님들에게 건네는 메뉴다. 한 평밖에 되지 않는 작은 테이크아웃 매장이지만 이 안에서는 여행할 때 못지않은 시련과 고난이 계속된다.

습도와 온도에 굉장히 민감한 밀가루 녀석은 우중충한 날이나 비가 오는 날이면 나를 더욱 힘들게 한다. 이 녀석을 겨우 달래서 반죽을 하더라도 숙성 시간에 따라 맛이 또 달라진다. 그렇기 때문에 손님들이 언제 들이닥칠지 예상하고 반죽을 준비할 수밖에 없다.

겉은 바삭하면서 속은 촉촉한 추러스를 만들기 위한 이런 노력은 손님들의 칭찬 한 마디면 순식간에 보상이 된다. 이것이 요즘 나의 출근길이 가벼운 이유인 듯싶다.

여행을 일상처럼, 일상을 여행처럼, 그저 뚜렷한 경계선 없이 여행하듯 일하듯. 하루에 달랑 스무 개도 팔고, 이틀 만에 월세도 벌고. 하루에도 좌절감과 성취감을 수백 번씩 번갈아 맛보게 해 주는 이 일이야말로 진정한 여행이다.

좋은 것이든 아니든, 세상의 모든 감정은 꼭 경험해 보리라 욕심내며 오늘도 나는 추러스를 만들면서 다음 여행을 기약한다.

Special Thanks To…

이 여행은 저희 둘만의 여행은 아니었다고 생각합니다. 여러분의 따뜻한 격려 한마디 한 마디가 여행을 떠날 수 있게 해 준 원동력이 되었고, 지원해 주신 각종 용품과 격려금으로 더 많은 것을 보고 경험할 수 있었습니다. 여러분과 저희가 만들어 낸 여행을 이렇게 작은 결과물로나마 남기게 되어 대단히 기쁩니다. 진심으로 감사드립니다.

아들을 떠나보내고 하루하루를 걱정 속에서 보내셨을 우리 부모님, 황상주 · 김혜련 님. 듬직한 아들을 낳아 주신 태관이 형 부모님, 김연풍 · 성순례 님. 전폭적인 지지와 응원을 보내 준 누나, 황지혜 님. 항상 관심과 응원을 보내 준 연세대학교 사회과학대 6반 식구들. 안전을 걱정해 주며 많은 정보를 제공해 준 국립외교원 식구들. 중앙아시아 정보를 제공해 준 세명투어 관계자분들. 홈페이지 제작을 도와준 김형민 님. 블로그를 운영하며 현지로 각종 정보를 보내 준 정원선 님. 필요한 부품을 현지로 공급해 준 신동혁 님. 에어메트를 제공해 준 문희선 님. 행운의 묵주를 선물해 준 송영완 님. 피부가 생명이라고 선크림을 제공해 준 신동환 님. 체력이 국력이라며 영양탕을 사 준 신조웅 님. 프랑스 와인을 미리 맛보라며 스테이크와 와인을 사 준 안병현 · 김선자 님. 너덜너덜한 지도를 깔끔하게 제작해 준 윤성준 님, 살아서 돌아오라며 로밍 휴대전화을 제공해 준 최재철 님. 코펠 세트를 제공해 준 이대훈 님. 잘 자라며 푹신한 에어베개를 선물해 준 이상림 님. 라이트와 계산기를 제공해 준 이새롬 님. 시원하게 현금으로 응원해 준 강보배 님, 김인식 님, 김정옥 님, 김종진 님, 김태호 님, 김태환 님, 김태훈 님, 민병선 님, 박상근 님, 박재혁 님, 박충훈 님, 박현명 님, 박혜영 님, 배광현 님, 손권익 님, 성순례 님, 성상현 님, 안두진 님, 안순근 님, 안아름 님, 안은지 님, 어희선 님, 윤경구 님, 이은정 님, 이정준 님, 이창옥 님, 이호준 님, 정창우 님, 한상혁 님, 한성용 님, 한진석 님, 황석주 님, 황지명 님. 여행하며 현지에서 도움을 준 많은 분들. 멋지게 기사를 써준 장윤정 · 윤희일 · 전성우 · 지상현 기자님. 책을 낼 수 있도록 많은 격려를 보내 주신 윤덕민 · 이종화 님. 그리고 늘 곁에서 지켜봐 주고 응원해 준 공윤선 님.

함께 해 주신 모든 분께 다시 한 번 진심으로 감사의 말을 전합니다.

268
미치도록
행복하다

편낸날 초판 1쇄 2013년 7월 5일

지은이 황인범
펴낸이 서용순
펴낸곳 이지출판

출판등록 1997년 9월 10일 제300-2005-156호
주 소 110-350 서울시 종로구 율곡로6길 36 월드오피스텔 903호
대표전화 02-743-7661 팩스 02-743-7621
이메일 easy7661@naver.com
디자인 박성현
마케팅 서정순
인 쇄 (주)꽃피는청춘

값 14,000원

ISBN 979-11-5555-000-7 03980

이 도서의 국립중앙도서관 출판시도서목록(CIP)은 e-CIP홈페이지(http://www.nl.go.kr/ecip)와 국가자료공동목록시스템(http://www.nl.go.kr/kolisnet)에서 이용하실 수 있습니다.(CIP제어번호: CIP2013010233)